粮优

——河南省优质粮食工程管理实务

（下册）

朱保成　主编

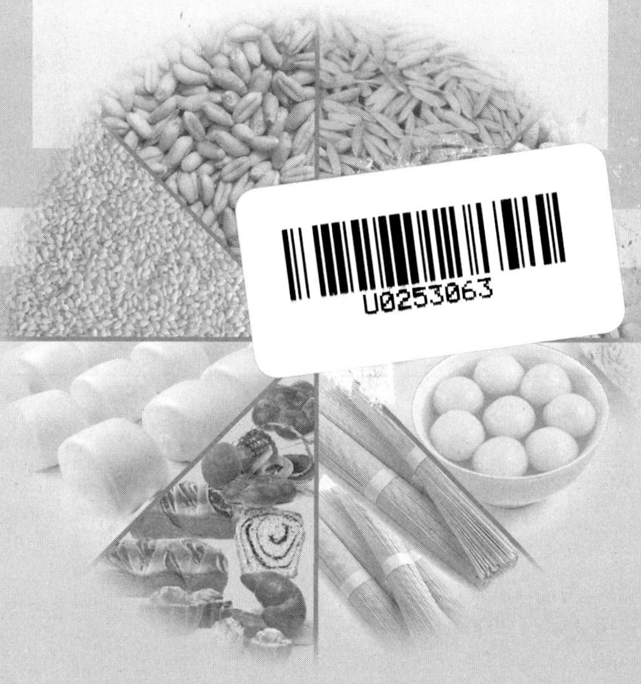

黄河水利出版社

图书在版编目(CIP)数据

粮优:河南省优质粮食工程管理实务:上、下册/朱保成主编.—郑州:黄河水利出版社,2019.5
ISBN 978-7-5509-2323-2

Ⅰ.①粮… Ⅱ.①朱… Ⅲ.①粮仓-仓库管理-河南 Ⅳ.①S379.3

中国版本图书馆 CIP 数据核字(2019)第 058716 号

出 版 社:黄河水利出版社
地址:河南省郑州市顺河路黄委会综合楼 14 层　邮政编码:450003
发行单位:黄河水利出版社
发行部电话:0371-66026940、66020550、66028024、66022620(传真)
E-mail:hhslcbs@126.com
承印单位:河南瑞之光印刷股份有限公司
开本:710 mm×1 000 mm　1/16
印张:36
字数:627 千字　印数:1—3 000
版次:2019 年 5 月第 1 版　印次:2019 年 5 月第 1 次印刷

定价(上、下册):98.00 元

目　录

质检体系篇

好粮油行动篇

好粮油行动篇

河南省 2017 ~ 2018 年度“中国好粮油”行动计划申报指南

为切实做好 2017 ~ 2018 年度“中国好粮油”行动计划申报工作，根据《河南省粮食局　河南省财政厅关于印发“优质粮食工程”实施方案的通知》（豫粮〔2017〕7 号）精神，特制定本指南。

一、示范县申报

（一）申报条件

1. 处于优质粮油优势生产、加工区，具备良好产地、加工环境和发展潜力；

2. 具备较好的规模化种植、加工发展基础和粮食产后服务能力；

3. 具有较好的优质粮油加工、销售和区域公共品牌建设基础；

4. 县（市、区）人民政府高度重视，实施方案目标明确，措施可行，具有创新引领作用；

5. 拥有一至若干个大型粮油加工龙头企业及其省内外知名品牌，全县（市、区）粮油加工总产值位列全省前 20 名内；

6. 专项资金使用规范、合理，具有可操作性的实施方案；

7. 县（市、区）人民政府与 1 ~ 2 家大型粮油加工龙头企业签订示范企业建设协议，示范企业条件设置合理，符合资金支持方向，能够落实支持示范企业的措施和配套资金，能够实现本地区农民优质粮油种植收益提高 20% 以上、粮油优质品率提升 30% 以上等建设目标。

8. 示范企业同时具备以下条件：

（1）近三年产品产量、产值、销售额、利税等主要指标在全省同行业位列前茅，具有注册商标和品牌；

（2）企业资产负债率一般应低于 60%，有银行贷款的企业，近两年内无不良信用记录；

（3）企业的总资产报酬率应高于现行一年期银行贷款基准利率；

（4）产品质量、科技含量、新产品开发能力在同行业中处于领先水平，或是具有特色生产和营销方式的；

（5）管理规范，近三年未发生重大质量安全、违法经营事件及安全生产事故；

（6）发展优质粮油总体规划目标清晰，措施具体可行，示范带动作用明显，申报资金符合支持方向，能够落实企业自筹资金。

（二）申报程序

1. 提出申请

符合条件的县（市、区）人民政府编制申报材料，经省辖市粮食、财政部门审核后，向省粮食局、省财政厅以正式文件的形式于12月20日前提出申请。同时，省辖市粮食、财政部门出具推荐文件。每个省辖市原则上只能申报一个示范县（市、区），且已拥有示范县和省级示范企业的省辖市，不得再重复申报示范县（市、区）。符合条件的省直管县（市）人民政府直接向省粮食局、省财政厅提出申请。已确定为示范县（市、区）的县级人民政府，要结合实际，编制示范县建设方案，经省辖市粮食、财政部门审核后，以正式文件的形式于12月20日前报送至省粮食局、省财政厅。

申报材料包括：

（1）正式申请文件、全县基本情况（重点是粮油加工业情况，详见附件1）、实施方案、资金需求、资金用途、推进措施（重点是实现本地区农民优质粮油种植收益提高20%以上、粮油优质品率提升30%以上等建设目标的措施）、与示范企业签订的建设协议、配套资金承诺；

（2）示范企业基本概况（详见附件2）、截至2017年6月底的企业情况（包括企业资产规模、员工总数、经营网点、主要产品、销售区域、营业收入、净利润等信息）、营业执照复印件、生产许可证复印件、银行信用等级评定证明、上年度会计师事务所出具的年度财务审计报告、未来三年企业规划、企业对上报所有资料真实性的承诺、实施方案、资金需求、资金用途、推进措施。

2. 组织评审

省粮食局、财政厅将组织专家对申请好粮油示范县（市、区）的申报材料进行评审、确定。公示无异议后，拨付财政补助资金。对已经确定为示范县的建设方案，经专家评审通过后，确定补助资金金额，拨付财政补助资金。

（三）资金用途

示范县专项资金由示范县（市、区）人民政府统筹使用，专项用于优质粮油调查统计、品质测评，优质粮油宣传、销售渠道及公共品牌创建，优质粮油检验、质量控制体系建设、产后科技服务公共平台建设和重点支持示范企业发展等。用于支持示范企业发展的资金要主要用于以下几个方面：

1. 示范企业按照优质优价原则对优质粮油品种进行市场化收购和销售等方面的奖励、补助、贴息及政府购买服务；

2. 示范企业为扩大优质粮油产品生产而开展的技术改造、生产或检化验设备购置、研发中心建设等方面的补助，优质粮油产品研发及科技创新奖补；

3. 示范企业建设“放心粮油配送中心”补助；

4. 示范企业建设“粮食银行”或“放心粮油（主食）便民店（超市）”补助；

5. 示范企业开展优质粮油宣传补助；

6. 示范企业建设优质原粮基地补助。

二、省级示范企业实施项目申报

（一）编制实施方案

省级示范企业编制实施方案，实施方案要包括企业基本概况、未来三年企业规划，资金需求、资金用途、推进措施、配套资金承诺，企业对上报所有资料真实性的承诺。

（二）组织评审

省级示范企业于12月20日前将申请材料报省粮食局、省财政厅各2份。省粮食局、财政厅组织专家对企业的实施方案进行评审，根据评审情况确定补助资金金额，拨付财政补助资金。

（三）资金用途

省级示范企业补助资金要执行专账管理，专款专用，主要用于以下几个方面：

1. 示范企业为扩大优质粮油产品生产而开展的技术改造、生产或检化验设备购置、研发中心建设等方面的补助，优质粮油产品研发及科技创新奖补；

2. 示范企业建设“放心粮油配送中心”补助；

3. 示范企业建设“粮食银行”或“放心粮油（主食）便民店（超市）”补助；

4. 示范企业开展优质粮油宣传补助；

5. 示范企业建设优质原粮基地补助。

三、“好粮油”系列产品申报

（一）制定检验目录

省粮食局组织有关专家，参照“中国好粮油”产品标准，结合河南实际和产品特色，研究制定“河南好粮油（主食）”和“河南放心粮油（主食）”检验指标目录，主要包括：小麦粉、大米、挂面、食用植物油、杂粮杂豆、速冻产品及其他主食产业化产品等（另行通知）。

（二）企业条件

1. 满足以下产能条件：

（1）大米加工企业：日处理稻谷不低于200吨；

（2）小麦粉加工企业：日处理小麦不低于500吨；

（3）挂面及方便面加工企业：日生产挂面不低于10吨，日生产方便面不低于50吨；

（4）食用植物油加工企业：日处理芝麻不低于50吨，日处理花生不低于200吨，日处理大豆不低于1000吨，其他小品种特色植物油不限产能；

（5）杂粮杂豆加工企业：日处理杂粮杂豆不低于10吨；

（6）速冻产品加工企业：日生产速冻产品不低于100吨；

（7）馒头加工企业：日生产馒头不低于20吨；

（8）饼干加工企业：日生产饼干不低于10吨；

2. 企业负债率一般不高于70%；

3. 企业信用等级A级以上；

4. 产品质量好、品牌知名度高、经营信誉良、加工规模大。

（三）提出申请

各省辖市、省直管县（市）粮食局根据分配企业名额控制数（见附表3）和相关要求，确定拟推荐企业。拟推荐企业本着“自愿参与、一品一报”的原则，根据企业实际情况，提前到有资质、规模较大的检验检测机构，按照申请“好粮油”系列称号类别，对照相应的“好粮油”系列产品检验指标目录（另行通知），进行样品检验。申报企业取得第三方检验检测机构出具的检验报告后，编制申报材料，向当地粮食行政主管部门提出正式申请。申报材料中要明确“好粮油”系列产品申报类型，填写“好粮油”产品申报信息表（详见附件4）。此次“好粮油”系列产品申报包括“河南好粮油（主食）”和“河南放心粮油（主食）”两个类别，单个产品可同时申报两个称号，也可只申报“河南放心粮油（主食）”，但不得直接申报

“河南好粮油（主食）”。

（四）逐级审核

各市、县粮食局，要严格审核把关企业申报材料，在企业填写的“好粮油”产品申报信息表中盖章，对材料真实性负责。企业申请材料经县级粮食部门初审后，上报省辖市粮食部门；省辖市粮食部门审定核实材料后汇总，于12月20日前正式行文并将申请材料报省粮食局3份（省直管县（市）粮食局审核汇总后直接报送至省粮食局）。

（五）组织评审

省粮食局组织专家对照评分细则，对申报企业申报材料进行审核、打分，根据得分情况确定“河南放心粮油（主食）”。在“河南放心粮油（主食）”上榜产品中，对同时申报“河南好粮油（主食）”称号的产品，根据专家审核、打分情况，确定“河南好粮油（主食）”。

四、低温成品粮“公共库”项目申报

（一）申报条件

1. 国有及国有控股的粮油加工、物流、军供企业；
2. 企业所在地位于省辖市市区；
3. 近三年业务收入、利润等主要指标在全省同领域排名居前；
4. 管理规范，近三年未发生重大质量安全、违法经营事件及安全生产事故；
5. 物流设施齐全，能满足本地成品粮油应急保供需要；
6. 土地、规划等前期手续齐全，具备开工条件。

（二）提出申请

符合条件的企业，向地方粮食、财政部门提出补助资金申请，编写申报材料。

申报材料包括：企业基本概况、截至2017年6月底的企业情况（包括企业资产规模、员工总数、主要业务范围、营业收入、净利润等）、营业执照复印件、银行信用等级评定证明、上年度会计师事务所出具的年度财务审计报告、未来三年企业规划、实施方案、资金需求、资金用途、推进措施、配套资金承诺、企业对上报所有资料真实性的承诺。

（三）逐级审核

各市、县粮食局和财政局，要严格审核把关企业申报材料，对材料真实性负责。企业申请材料经县级粮食、财政部门共同初选并审核后，联合行文上报省辖市粮食、财政部门；省辖市粮食、财政部门审定核实材料后汇总，于12月20日前正式行文并将申请材料报省粮食局、省财政厅各2份。每个省辖市原则上只能申报一个项目。

（四）组织评审

省粮食局、财政厅组织专家对企业的申报材料进行评审，根据评审情况确定补助资金金额，拨付财政补助资金。

（五）资金用途

补助资金要执行专账管理、专款专用，且必须用于低温成品粮“公共库”建设。

五、申报工作要求

实施“中国好粮油”行动计划是促进粮食供给侧改革和粮食产业经济发展的重要举措，各市、县财政和粮食部门要在地方政府的统一领导下，加强沟通协调，分工负责，扎扎实实做好各环节的工作。各地各单位务必实事求是，严禁弄虚作假、重复申报，套取财政资金。对弄虚作假的地区和企业，一经查实，除收回补助资金外，对涉及违纪违规违法的人员由相关部门严肃处理。为确保“中国好粮油”行动计划顺利实施，各地各单位要按时报送相关材料，不按时报送的视同自动放弃。

省粮食局联系人：马帅　张伟

联系电话：0371－65683104　65930857

省财政厅联系人：朱科辉

联系电话：0371－65802715

邮箱：hnslsjltc@126.com

附件：1. 申请示范县（市、区）基本情况表
　　　2. 申请示范企业基本情况表
　　　3. “好粮油”系列产品申报企业名额控制分配表
　　　4. “好粮油”系列产品申报情况表
　　　5. 申请低温成品粮“公共库”项目基本申请表
　　　6. 示范县（市、区）申报材料编制格式
　　　7. 示范企业申报材料编制格式
　　　8. “好粮油”系列产品申报材料编制格式
　　　9. 低温成品粮“公共库”项目申报材料编制格式

附件 1

申请示范县(市、区)基本情况表

单位：　　　　　　县(市、区)人民政府

	种植面积（万亩）	2016 年总产量（万吨）	加工能力（万吨/年）	2016 年实际加工量（万吨/年）	2016 年实现产值（万元）	中央、省财政资金申请额（万元）	自筹资金承诺数（万元）	备注
合计								
一、粮食						—	—	
优质小麦						—	—	
优质稻谷						—	—	
杂粮						—	—	
二、油料						—	—	
花生						—	—	
芝麻						—	—	
其他						—	—	
县(市、区)人民政府申请意见	（盖章） 年　月　日		省辖市粮食局推荐意见	（盖章） 年　月　日		省辖市财政局推荐意见	（盖章） 年　月　日	

附件 2

申请示范企业基本情况表

填报单位：　　　　　县（市、区）人民政府

	企业全称	信用等级	年加工能力（万吨/年）	年销售额（万元）	年总产值（万元）	年利润额（万元）	资产负债率（%）	品牌名称	商标类型	主营产品	生产过程控制认证
示范企业甲											
县级粮食部门意见			（盖章） 年　月　日	县级财政部门意见			（盖章） 年　月　日	县（市、区）人民政府意见			（盖章） 年　月　日
示范企业乙											
县级粮食部门意见			（盖章） 年　月　日	县级财政部门意见			（盖章） 年　月　日	县（市、区）人民政府意见			（盖章） 年　月　日

附件3

“好粮油”系列产品申报企业名额控制分配表

市、县	下辖县（市、区）数	申报控制名额数	备注
合计	158	96	
郑州市	11	6+2	含省直企业
开封市	8	4	
洛阳市	15	6	
平顶山市	9	4	
安阳市	8	4	
鹤壁市	5	4	
新乡市	11	6+1	含省直企业
焦作市	10	6	
濮阳市	6	4+2	含省直企业
许昌市	6	4+1	含省直企业
漯河市	5	4	
三门峡市	6	4	
南阳市	12	6	
商丘市	8	4	
信阳市	9	4	
周口市	9	4	
驻马店市	9	4	
济源市	1	1	
巩义市	1	1	
兰考县	1	1	
汝州市	1	1	
滑县	1	1	
长垣县	1	1	
邓州市	1	1	
永城市	1	2	全国面粉食品产业健康发展试点
固始县	1	1	
鹿邑县	1	1	
新蔡县	1	1	

说明：各省辖市申报名额控制数以其所辖县（市、区）数为原则确定，下辖县（市、区）数在10个以上（包含10个）的申报名额控制数不超过6个；下辖县（市、区）数2~9个的申报名额控制数不超过4个；下辖县（市、区）数为1个的省辖市及省直管县（市）申报名额控制数不超过1个。永城是中央农办确定的全国面粉食品产业健康发展试点，可多申报1个。省直企业按属地原则，纳入到所在的省辖市进行数量控制。

附件 4

“好粮油”系列产品申报情况表

申报类型：

<table>
<tr><td rowspan="6">企业信息</td><td>企业名称</td><td></td><td>信用等级</td><td></td></tr>
<tr><td>年加工能力
（万吨/年）</td><td></td><td>年销售额
（万元）</td><td></td></tr>
<tr><td>年总产值（万元）</td><td></td><td>主营业务收入
（万元）</td><td></td></tr>
<tr><td>年利润总额
（万元）</td><td></td><td>资产负债率
（%）</td><td></td></tr>
<tr><td>品牌名称</td><td></td><td>商标类型</td><td></td></tr>
<tr><td>主营产品</td><td></td><td>生产过程管理认证</td><td></td></tr>
<tr><td rowspan="5">产品信息</td><td>产品名称</td><td></td><td>产品加工量
（万吨/年）</td><td></td></tr>
<tr><td>原粮品种</td><td></td><td>质量等级</td><td></td></tr>
<tr><td>品质指标
检验情况</td><td></td><td>安全指数
检验情况</td><td></td></tr>
<tr><td>营养成分检验情况</td><td></td><td>过程控制情况</td><td></td></tr>
<tr><td>近三年抽检情况</td><td></td><td>其他荣誉</td><td></td></tr>
<tr><td>县级粮食局
审核意见</td><td colspan="2">（盖章）</td><td>省辖市粮食局
审核意见</td><td>（盖章）</td></tr>
</table>

注：1. 申报类型：河南好粮油（主食）、河南放心粮油（主食）；2. 商标类型：驰名商标、著名商标、知名商标、中华老字号、商标；3. 生产过程控制认证：ISO9001 质量管理体系、危害分析与临界控制点认证（HACCP）、卫生标准操作规范认证（SSOP）、良好生产规范认证（GMP）、中国良好农业规范认证（China GAP）、其他或者没有认证（具体注明）；4. 其他荣誉：无公害产品认证、绿色产品认证、有机产品认证等。

附件 5

申请低温成品粮“公共库”项目基本申请表

<table>
<tr><td rowspan="10">企业信息</td><td>企业名称</td><td colspan="3"></td></tr>
<tr><td>企业地址</td><td colspan="3"></td></tr>
<tr><td>企业类型（加工/物流/购销）</td><td></td><td>企业性质（国有/国有控股）</td><td></td></tr>
<tr><td>信用等级</td><td></td><td>主营业务收入（万元）</td><td></td></tr>
<tr><td>年利润总额（万元）</td><td></td><td>资产负债率（%）</td><td></td></tr>
<tr><td>主营业务</td><td colspan="3"></td></tr>
<tr><td>现有仓容（万吨）</td><td></td><td>企业占地面积（亩）</td><td></td></tr>
<tr><td>立项文件号</td><td></td><td>土地证书号</td><td></td></tr>
<tr><td>规划证书号</td><td></td><td>环评文件号</td><td></td></tr>
<tr><td>物流设施情况</td><td colspan="3"></td></tr>
<tr><td rowspan="3">申报项目信息</td><td>拟建设地点</td><td colspan="3"></td></tr>
<tr><td>拟建设仓容（万吨）</td><td></td><td>投资总额（万元）</td><td></td></tr>
<tr><td>申请中央及省级财政补助资金</td><td></td><td>地方财政或企业自筹资金</td><td></td></tr>
<tr><td>地方粮食部门审核意见</td><td colspan="2">（盖章）</td><td>地方财政部门审核意见</td><td>（盖章）</td></tr>
<tr><td>省辖市粮食局审核意见</td><td colspan="2">（盖章）</td><td>省辖市财政局审核意见</td><td>（盖章）</td></tr>
</table>

附件 6

示范县（市、区）申报材料编制格式

第一部分 申请文件

1. 示范县（市、区）人民政府正式申请文件
2. 省辖市粮食、财政部门联合推荐文件（省直管县除外）

第二部分 基本情况

一、基本情况表（附件 1 表格）

二、基本情况概述

三、粮食生产情况

四、粮油加工业情况

第三部分 实施方案

一、总体目标

二、主要任务

三、实施计划

四、资金需求

五、资金用途

六、推进措施

重点是实现本地区农民优质粮油种植收益提高 20% 以上、粮油优质品率提升 30% 以上等建设目标的措施

第四部分 证明材料

一、资金承诺书

二、与示范企业签订建设协议书

附件7

示范企业申报材料编制格式

第一部分　申请文件

示范企业申请及批复文件或与政府签订的建设协议书

第二部分　基本情况

一、基本情况表（附件2表格）
二、基本情况概述

第三部分　实施方案

一、总体目标
二、主要任务
三、实施计划
四、资金需求
五、资金用途
六、推进措施

第四部门　企业三年发展规划

第五部分　证明材料

一、自筹资金承诺书
二、营业执照、审计报告、生产许可、信用等级等资质材料
三、无违法违规记录证明
四、现场核查报告
五、主要荣誉
六、其他证明材料
七、材料真实性承诺

附件 8

“好粮油”系列产品申报材料编制格式

第一部分　申请情况表（附件 4 表格）

第二部分　企业基本情况介绍（限 500 字，可以有图片信息）

第三部分　产品检验情况汇总表

第四部门　产品检验检测报告

第五部分　证明材料（均为复印件）

一、企业法人营业执照

二、食品生产许可证

三、近三年度企业审计报告

四、由企业基本账户开户银行出具的企业信用等级证明

五、ISO9000 族或 HACCP 管理体系、原产地、绿色食品等认证证书

六、产品简介及包装图片（包括正面、反面，图片尺寸为 800 ×800）。

七、荣誉证书

八、其他相关证明材料

附件 9

低温成品粮“公共库”项目申报材料编制格式

第一部分　申请表

申请低温成品粮“公共库”项目基本情况表

第二部分　基本情况

一、企业基本情况
二、近三年粮食产购储加销情况

第三部分　实施方案

一、总体目标
二、建设内容
三、建设计划
四、投资测算及来源
五、保障措施
六、绩效评价体系

第四部分　企业三年发展规划

第五部分　证明材料

一、低温成品粮“公共库”项目承诺书
二、资金承诺书
三、营业执照、生产许可证（加工企业提供）等相关证件
四、现场核查报告
五、三年内无违法违规记录证明
六、上年度财务审计报告

七、其他证明材料

八、材料真实性承诺

备注：项目承诺书由申报企业出具；资金承诺书由地方财政部门或申报企业出具；现场核查报告由地方粮食部门出具。

河南省“中国好粮油”行动计划评审办法

为切实做好全省“中国好粮油”行动计划评审工作，根据《河南省粮食局　河南省财政厅关于印发“优质粮食工程”实施方案的通知》（豫粮〔2017〕7号）和《河南省粮食局　河南省财政厅关于印发河南省2017～2018年度“中国好粮油”行动计划申报指南的通知》（豫粮文〔2017〕215号）要求，特制定本评审办法。

一、评审原则

“中国好粮油”行动计划评审工作坚持公正、公平、择优、扶强原则，通过逐级上报、专家评审的方式，确定示范县、“好粮油”系列产品和低温成品粮“公共库”拟支持项目。

二、评审程序和办法

（一）示范县

1. 审核推荐

各省辖市粮食局、财政局负责对申报示范县（市、区）人民政府的申报材料进行审核，出具审核推荐意见，上报省粮食局、省财政厅。

2. 专家评审

省粮食局、省财政厅组织专家评审会，对各省辖市粮食局、财政局推荐的县级人民政府申报材料，由专家按照百分制进行评审。其中，县级人民政府情况占50分，企业情况占50分。对已确定为示范县的6个县级人民政府申报材料，进行建设方案可行性、资金使用合理性等方面的评审，专家出具评审意见。县级人民政府根据专家评审意见，修改完善建设方案后组织实施。

（1）评审专家组成。从“河南省财政厅专家库”及省直科研院校中抽取财务专家1名、粮油加工与食品工程专家4名、粮食流通仓储设施建设专家1名、粮食质检及食品检验专家1名，共同组成评审小组，并由全体评审成员选举产生组长 1 名。

（2）评审要求。按照本评审办法规定，对示范县申报材料进行审查，评价是否符合申报条件。

（3）评审结果。根据评审、打分情况，评审小组提出 4 个拟确定示范县（市、区），与示范县（市、区）人民政府签订建设协议的企业同时拟确定为该县（市、区）的示范企业。经公示无异议后，确定示范县（市、区）和示范企业。

3. 评分标准

（1）示范县基本情况 50 分。其中，全县概况 5 分；重视程度 5 分；粮食产量情况 5 分；粮油加工业情况 20 分；建设规划 5 分；主要措施 5 分；资金使用合理性 5 分。

（2）示范企业基本情况 50 分。其中，企业概况 5 分；产能、销售及利润、利税情况 10 分；信用等级及负债情况 5 分；品牌及荣誉情况 5 分；发展规划 5 分；实施方案制定合理性 20 分。若有两个企业示范县（市、区）签订了建设协议，综合两个企业的情况，进行打分。

（二）“好粮油”系列产品

1. 材料初审

各县（市、区）粮食局负责对辖区内企业的申报材料，根据《河南省粮食局　河南省财政厅关于印发河南省 2017 ~ 2018 年度“中国好粮油”行动计划申报指南的通知》（豫粮文〔2017〕215 号）和《河南省粮食局办公室关于“河南好粮油（主食）”“放心粮油（主食）”遴选条件的通知》（豫粮办〔2017〕207 号）规定和要求进行初审，将通过初审的企业申报材料上报各省辖市粮食局。省直管县（市）粮食局将通过初审的企业申报材料直接上报省粮食局。

2. 材料复审

各省辖市粮食局对辖区内企业申报材料进行复审，不符合要求的予以淘汰，通过复审的企业申报材料上报省粮食局。

3. 专家评审

省粮食局组织专家评审会，对通过复审的企业申报材料由专家按照百分制进行评审。

（1）评审专家组成。从“河南省财政厅专家库”及省直科研院校中抽取财务专家 1 名、粮油加工与食品工程专家 3 名、粮食质检及食品检验专家 3 名，组成评审小组，并由全体评审专家选举产生组长 1 名。

（2）评审要求。按照本评审办法规定，对企业申报材料进行审查，评价是否符合申报条件。

（3）评审结果。根据评审情况，评审小组择优推荐出“河南放心粮油（主食）”产品名单，在“河南放心粮油（主食）”上榜产品中，根据评审和申报情况，择优推荐出“河南好粮油（主食）”，评审结论由全体专家签字。省粮食局将专家推荐的“河南放心粮油（主食）”和“河南好粮油（主食）”产品名单，在省粮食局网站上公示，公示无异议后，按照相关程序确定“河南放心粮油（主食）”和“河南好粮油（主食）”产品名单。

4. 评分标准

（1）企业基本情况45分。其中，企业概况5分；产能情况5分；销售情况5分；利润情况5分；负债情况5分；信用等级情况5分；品牌情况5分；生产过程管理认证情况5分；荣誉情况5分。

（2）产品检验情况50分。其中，必检项40分；可选择性检验项10分。

（3）材料报送情况5分。根据是否按规定报送申请材料，材料是否完整、规范等情况计分。

（三）低温成品粮“公共库”

1. 材料初审

各省辖市市区粮食局、财政局负责对辖区内企业的申报材料，根据《河南省粮食局　河南省财政厅关于印发河南省2017～2018年度“中国好粮油”行动计划申报指南的通知》（豫粮文〔2017〕215号）规定和要求进行初审，将通过初审的企业申报材料上报省辖市粮食局、财政局。

2. 材料复审

各省辖市粮食局、财政局对辖区内企业申报材料进行复审，不符合要求的予以淘汰，通过复审的企业申报材料上报省粮食局、省财政厅。

3. 专家评审

省粮食局、省财政厅组织专家评审会，对通过复审的企业申报材料由专家按照百分制进行评审。

（1）评审专家组成。从“河南省财政厅专家库”及省直科研院校中抽取财务专家1名、粮油储藏专家3名、粮食流通仓储设施建设专家3名，组成评审小组，并由全体评审专家选举产生组长1名。

（2）评审要求。按照本评审办法规定，对企业申报材料进行审查，评价是否符合申报条件。

（3）评审结果。根据评审、打分情况，评审小组提出拟支持的项目单位名单。经公示无异议后，确定支持项目单位名单。

4. 评分标准

(1) 企业基础条件 55 分。其中，企业概况 5 分；主营业务收入情况 5 分；利润情况 5 分；负债情况 5 分；资金筹措情况 5 分；物流设施情况 20 分；应急保障能力 10 分。

(2) 方案可行性 30 分。按照建设方案可行分析、工程量估算等情况计分。

(3) 资金预算情况 10 分。按照项目建设资金预算情况计分。

(4) 材料报送情况 5 分。根据是否按规定报送申请材料，材料是否完整、规范等情况计分。

(四) 省级示范企业项目

省粮食局、省财政厅从“河南省财政厅专家库”及省直科研院校中抽取财务专家 1 名、粮油加工与食品工程专家 4 名、粮食流通仓储设施建设专家 1 名、粮食质检及食品检验专家 1 名，组成评审小组，并由全体评审专家选举产生组长 1 名，对省级示范企业申报材料进行评审，提出评审意见。省级示范企业根据专家评审意见，修改完善后组织实施。

(五) 评审纪律

“中国好粮油”行动计划评审实行回避制度，评审组成员对与自己有利害关系的企业应主动提出回避，不得同任何与评审结果有利害关系的人或单位进行私下接触，不得收受申报企业、中介人、其他利害关系人的财物或者其他好处，不得对外透露与评审有关的情况。任何单位和个人不得干扰评审工作。

附件：1. 示范县评分标准
2. 示范县评分表
3. “好粮油”系列产品评分标准
4. “好粮油”系列产品评分表
5. 低温成品粮“公共库”项目评分标准
6. 低温成品粮“公共库”项目评分表

附件 1

示范县评分标准

类别	分值	指标	分值	评分标准
示范县基本情况	50 分	全县概况	5 分	根据全县优质原粮生产、粮食产后服务能力和优质粮油加工、销售、品牌建设等基础情况，酌情给分
		重视程度	5 分	根据是否成立领导小组、县政府重视程度等情况，酌情给分
		粮食产量情况	5 分	根据全县粮食产量情况打分，超级产粮大县得 4 分，产粮大县得 3 分，其他县得 1 分；是全省优质小麦种植试点县的加 1 分
		粮油加工业情况	20 分	根据全县粮油加工业总产值在全省排名位次打分，第 1 名得 20 分，名次每降低 1 位，扣 1 分
		建设规划	5 分	根据全县“中国好粮油”行动计划建设规划，酌情给分
		主要措施	5 分	根据全县“中国好粮油”行动计划建设推进措施，特别是推进本地区农民优质粮油种植收益提高 20% 以上、粮油优质品率提升 30% 以上的主要措施情况，酌情给分
		资金使用合理性	5 分	根据专项资金使用是否符合规范、合理，是否具有可操作性等情况，酌情给分
示范企业基本情况	50 分	企业概况	5 分	根据企业规模、发展方向、发展前景、企业知名度等情况，酌情给分
		产能、销售及利润、利税情况	10 分	根据企业产能、年销售额、年利润和年利税等情况，酌情给分
		信用等级及负债情况	5 分	根据企业信用等级、负债总额和负债率等情况，酌情给分
		品牌及荣誉情况	5 分	根据企业品牌、荣誉等情况，酌情给分
		发展规划	5 分	根据企业发展规划合理性、可操作性等情况，酌情给分
		实施方案合理性	20 分	根据实施方案制定是否合理，方向是否符合要求，能否达到预期等情况，酌情给分

附件 2

示范县评分表

参评县(市、区)名称：　　　　参评企业名称：

类别	分值	指标	分值	得分	专家签名
示范县基本情况	50 分	全县概况	5 分		
		重视程度	5 分		
		粮食产量情况	5 分		
		粮油加工业情况	20 分		
		建设规划	5 分		
		主要措施	5 分		
		资金使用合理性	5 分		
示范企业基本情况	50 分	企业概况	5 分		
		产能、销售及利润、利税情况	10 分		
		信用等级及负债情况	5 分		
		品牌及荣誉情况	5 分		
		发展规划	5 分		
		实施方案合理性	20 分		
总得分					

评审组长签字：　　　　监督员签字：

附件 3

“好粮油”系列产品评分标准

类别	分值	指标	分值	评分标准
企业基本情况	45 分	企业概况	5 分	根据企业规模、发展方向、发展前景、企业知名度等情况,酌情给分
		产能情况	5 分	完全达到豫粮文〔2017〕215 号文件规定产能要求的计 1 分,每提高 30% 加 1 分,该项分加满为止;达不到产能要求的,取消该产品参评资格;无产能要求的品种,该项自动得满分
		销售情况	5 分	根据企业产品销售情况,酌情给分
		利润情况	5 分	根据企业利润总额和利润率情况,酌情给分
		负债情况	5 分	企业负债率为 60% 的得 3 分,每高于/低于 10 个百分点的,减少/增加 1 分,该项分加减满为止
		信用等级情况	5 分	企业信用等级为 A 级的 1 分,每高于一个级别加 1 分,该项分加满为止
		品牌情况	5 分	每拥有 1 个省级/国家级品牌的,分别得 3 分/5 分,该项分加满为止
		生产过程管理认证情况	5 分	每拥有一个认证得 1 分,该项分加满为止
		荣誉情况	5 分	每拥有 1 个省级/国家级荣誉的,分别得 3 分/5 分,该项分加满为止
产品检验情况	50 分	必检项	40 分	根据必检项的指标数量平均分配分数,检验全部合格的得满分,每缺一项指标,扣除该指标所分配的分值,有检验不合格项的,取消该产品参评资格,最终得分按照四舍五入方式取整数
		可选择性检验项	10 分	可选择项指标采取加分方式计分,每检测一项指标且合格的,加 0.5 分,加满 10 分为止,有检验不合格项的,取消该产品参评资格,最终得分按照四舍五入方式取整数
材料报送情况	5 分	材料报送情况	5 分	材料完整 3 分,装订规范 2 分

附件 4

“好粮油”系列产品评分表

参评企业名称：　　　　参评产品名称：

类别	分值	指标	分值	得分	专家签名
企业基本情况	45 分	企业概况	5 分		
		产能情况	5 分		
		销售情况	5 分		
		利润情况	5 分		
		负债情况	5 分		
		信用等级情况	5 分		
		品牌情况	5 分		
		生产过程管理认证情况	5 分		
		荣誉情况	5 分		
产品检验情况	50 分	必检项	40 分		
		可选择性检验项	10 分		
材料报送情况	5 分	材料报送情况	5 分		
总得分					

评审组是否支持该产品评为“好粮油”产品：

评审组建议该产品“好粮油”称号类型：

评审组长签字：　　　　监督员签字：

附件 5

低温成品粮“公共库”项目评分标准

指标	分值	指标	分值	评分标准
企业基础条件	55 分	企业概况	5 分	根据企业规模、发展方向、发展前景、企业知名度等情况，酌情给分
		主营业务收入情况	5 分	根据企业主营业务收入情况，酌情给分
		利润情况	5 分	根据企业利润总额、利润率等情况，酌情给分
		负债情况	5 分	企业负债率为 60% 的得 3 分，每高于/低于 10 个百分点的，减少/增加 1 分，该项分加减满为止
		资金筹措情况	5 分	根据资金来源、承诺情况，酌情给分
		物流设施情况	20 分	根据企业现有物流设施情况，酌情给分
		应急保障能力	10 分	根据企业应急保障能力，酌情给分
方案可行性	30 分	方案可行性	30 分	视工程量估算与实际相符合程度计 1～15 分；视建设方案可行性计 1～15 分
资金预算情况	10 分	资金预算情况	10 分	工程造价是否符合实际，以全省申报项目投资估算平均数为标准，资金估算与全省平均数差 10% 以内的 10 分，差 10%～20% 的计 7～9 分，差 20%～30% 的5～6分，差 30%～40% 的 3～4 分，差 40%～50% 的 1～2 分
材料报送情况	5 分	材料报送情况	5 分	材料完整 3 分，装订规范 2 分

附件 6

低温成品粮“公共库”项目评分表

参评企业名称：

类别	分值	指标	分值	得分	专家签名
企业基本情况	55 分	企业概况	5 分		
		主营业务收入情况	5 分		
		利润情况	5 分		
		负债情况	5 分		
		资金筹措情况	5 分		
		物流设施情况	20 分		
		应急保障能力	10 分		
方案可行性	30 分	方案可行性	30 分		
资金预算情况	10 分	资金预算情况	10 分		
材料报送情况	5 分	材料报送情况	5 分		
总得分					

评审组是否支持该项目：

评审组长签字： 监督员签字：

“河南好粮油（主食）”“河南放心粮油（主食）”遴选条件

为做好“河南好粮油（主食）”和“河南放心粮油（主食）”等“好粮油”系列产品申报工作，根据《河南省粮食局　河南省财政厅关于印发河南省2017～2018年度“中国好粮油”行动计划申报指南的通知》（豫粮文〔2017〕215号），省局组织有关专家，参照“中国好粮油”标准，结合全省实际，进一步明确了河南省“好粮油”系列产品遴选条件，制定了河南“好粮油”系列产品检验指标目录，现将河南“好粮油”系列产品遴选条件补充通知如下：

一、遴选范围

此次遴选的“河南好粮油（主食）”和“河南放心粮油（主食）”等“好粮油”系列产品范围主要包括：小麦粉、大米、馒头、挂面、方便面、方便鲜湿面、饼干、糕点、面包、速冻饺子、速冻汤圆、花生油、芝麻油。

二、遴选条件

遴选企业条件参照《河南省粮食局　河南省财政厅关于印发河南省2017～2018年度“中国好粮油”行动计划申报指南的通知》（豫粮文〔2017〕215号）规定执行。企业根据此次发布的产品检验指标目录（详见检验情况汇总表），进行样品检验，取得第三方检验机构出具的检验报告后进行申报。

三、申报要求

1. 第三方检验机构应取得CMA或CNAS的资质认定，检验项目应取得检验能力认可；

2. 检验机构出具的报告的日期，品质指标、营养指标和真菌毒素指标应在6个月之内，污染物和农药残留指标应在1个作物年度内；

3. 参加遴选的产品应为以国产优质原料加工生产的产品，小麦粉检验报告应附有粉质、拉伸和吹泡等图谱复印件；

4. 各地要认真组织符合条件的企业开展申报工作，按照要求编制申报材料，于2018年1月15日前正式行文并将申请材料报省粮食局3份（省直管县（市）粮食局审核汇总后直接报送至省粮食局），同时报送正式文件电子版。

附件：1. ______市（县）推荐“好粮油”系列产品暨加工企业汇总表

2. “好粮油”产品检验情况汇总表

附件 1

________市（县）推荐"好粮油"系列产品暨加工企业汇总表

填报单位：________市（县）粮食局

序号	企业基本信息			申报产品信息					遴选推荐意见
	企业名称	企业性质	企业地址	产品名称	规格	包装形式	品牌	申报"好粮油"类别	

联系人：　　　　　　联系电话：

附件 2

“好粮油”产品检验情况汇总表

一、小麦粉

项目	申报信息	河南好粮油(主食)检验指标要求	河南放心粮油(主食)检验指标要求	备注
1. 基本信息				
产品名称				
原料品种名称				
质量等级				
执行标准				
净含量				
原料产地				
原料收获时间				
生产日期				
制粉日期				
保质期				
贮存条件				
食品生产许可证号				
生产企业				
生产地址				
联系电话				
2. 品质指标				
色泽		正常	正常	
气味		正常	正常	
水分/(%)		≤14.5	≤14.5	
灰分/(%)		可选择性测定并标识	可选择性测定并标识	
含砂量/(%)		≤0.01	≤0.02	
磁性金属物/(g/kg)		≤0.002	≤0.002	
降落数值/(s)		≥250	≥200	

续表

项目	申报信息	河南好粮油(主食)检验指标要求	河南放心粮油(主食)检验指标要求	备注
湿面筋含量/(%)		优质强筋小麦粉:一级≥35;二级≥30	优质强筋小麦粉:一级≥32;二级≥30	
		优质中筋小麦粉:≥26	优质中筋小麦粉:≥26	
		优质低筋小麦粉:一级≤22;二级≤25	优质低筋小麦粉:一级≤22;二级≤25	
面筋指数/(%)		优质强筋小麦粉:一级≥90;二级≥85	可选择性测定并标识	
		≥70	可选择性测定并标识	
		优质低筋小麦粉:不作要求	可选择性测定并标识	
面包品质/(分)		食品评分≥80	可选择性测定并标识,针对优质强筋小麦粉	
馒头或饺子品质/(分)		食品评分≥80	可选择性测定并标识,针对优质中筋小麦粉	
海绵蛋糕品质/(分)		食品评分≥80	可选择性测定并标识,针对优质低筋小麦粉	
面片光泽稳定性		可选择性测定并标识,针对优质中筋小麦粉	可选择性测定并标识,针对优质中筋小麦粉	
粉质吸水率/(%)		声称指标	可选择性测定并标识	
粉质稳定时间/(min)		声称指标,针对优质强筋和优质中筋小麦粉	可选择性测定并标识,针对优质强筋和优质中筋小麦粉	
最大拉伸阻力/(EU)		声称指标,针对优质强筋和优质中筋小麦粉	可选择性测定并标识,针对优质强筋和优质中筋小麦粉	
延展性/(mm)		声称指标,针对优质强筋和优质中筋小麦粉	可选择性测定并标识,针对优质强筋和优质中筋小麦粉	

续表

项目	申报信息	河南好粮油(主食)检验指标要求	河南放心粮油(主食)检验指标要求	备注
吹泡 P 值/(mm H_2O)		声称指标,针对优质低筋小麦粉	可选择性测定并标识,针对优质低筋小麦粉	
吹泡 L 值/(mm)		声称指标,针对优质低筋小麦粉	可选择性测定并标识,针对优质低筋小麦粉	
3. 安全指标				
黄曲霉毒素 B1/(μg/kg)		≤5	≤5	
脱氧雪腐镰刀菌烯醇/(μg/kg)		≤1000	≤1000	
赭曲霉毒素 A/(μg/kg)		≤5	可选择性测定	
玉米赤霉烯酮/(μg/kg)		≤60	可选择性测定	
铅/(mg/kg)		≤0. 2	≤0. 2	
镉/(mg/kg)		≤0. 1	≤0. 1	
汞/(mg/kg)		≤0. 02	≤0. 02	
总砷/mg/kg)		≤0. 5	≤0. 5	
铬/(mg/kg)		≤1	≤1	
苯并[a]芘(ug/kg)		≤5	≤5	
草甘膦/(mg/kg)		≤0. 5	≤0. 5	
敌草快/(mg/kg)		≤0. 5	≤0. 5	
甲基嘧啶磷/(mg/kg)		≤2	≤2	
磷化铝(成品粮)/(mg/kg)		≤0. 05	≤0. 05	
氯菊酯/(mg/kg)		≤0. 5	≤0. 5	
氰戊菊酯和 S-氰戊菊酯/(mg/kg)		≤0. 2	≤0. 2	
杀螟硫磷/(mg/kg)		≤1	≤1	
生物苄呋菊酯/(mg/kg)		≤1	≤1	

续表

项目	申报信息	河南好粮油(主食)检验指标要求	河南放心粮油(主食)检验指标要求	备注
增效醚/(mg/kg)		≤10	≤10	
艾氏剂/(mg/kg)		≤0.02	≤0.02	
滴滴涕/(mg/kg)		≤0.05	≤0.05	
狄氏剂/(mg/kg)		≤0.02	≤0.02	
六六六/(mg/kg)		≤0.05	≤0.05	
七氯/(mg/kg)		≤0.02	≤0.02	
4. 营养成分				
能量/(kJ)		可选择性测定并标识	可选择性测定并标识	
蛋白质/(g)		可选择性测定并标识	可选择性测定并标识	
脂肪/(g)		可选择性测定并标识	可选择性测定并标识	
碳水化合物/(g)		可选择性测定并标识	可选择性测定并标识	
膳食纤维/(g)		可选择性测定并标识	可选择性测定并标识	
钠/(mg)		可选择性测定并标识	可选择性测定并标识	
硒/(μg)		可选择性测定并标识	可选择性测定并标识	
铁/(mg)		可选择性测定并标识	可选择性测定并标识	
钾/(mg)		可选择性测定并标识	可选择性测定并标识	
其他特征指标		可选择性测定并标识	可选择性测定并标识	

二、大米

项目	申报信息	河南好粮油(主食)检验指标要求	河南放心粮油(主食)检验指标要求	备注
1. 基本信息				
产品名称				
原料品种名称				
质量等级				
执行标准				
净含量				
原料产地				
原料收获时间				
生产日期				
碾米日期				

续表

项目	申报信息	河南好粮油(主食)检验指标要求	河南放心粮油(主食)检验指标要求	备注
保质期				
贮存条件				
食品生产许可证号				
生产企业				
生产地址				
联系电话				
2. 品质指标				
色泽		正常	正常	
气味		正常	正常	
水分含量/(%)		粳米≤15.5，籼米≤14.5	粳米≤15.5，籼米≤14.5	
不完善粒含量/(%)		≤1	≤3	
杂质含量/(%)		≤0.1	≤0.25	
黄粒米含量/(%)		≤0.5	≤1	
互混/(%)		≤2	≤4	
食味值		一级≥90,二级≥80,三级≥75	可选择性测定并标识	
碎米总量/(%)		粳米≤7.5,籼米≤15	粳米≤10,籼米≤20	
小碎米/(%)		粳米≤0.5,籼米≤1	粳米≤1,籼米≤1.5	
垩白粒率/(%)		粳米:一级≤5,二级≤8,三级≤10	可选择性测定并标识	
		籼米:一级≤5,二级≤8,三级≤10	可选择性测定并标识	
3. 安全指标				
黄曲霉毒素B1/(ug/kg)		≤10	≤10	
赭曲霉毒素A/(ug/kg)		≤5	≤5	

续表

项目	申报信息	河南好粮油(主食)检验指标要求	河南放心粮油(主食)检验指标要求	备注
铅/(mg/kg)		≤0.2	≤0.2	
镉/(mg/kg)		≤0.2	≤0.2	
汞/(mg/kg)		≤0.02	≤0.02	
无机砷/(mg/kg)		≤0.2	≤0.2	
铬/(mg/kg)		≤1	≤1	
苯并[a]芘(ug/kg)		≤5	≤5	
苄嘧磺隆/(mg/kg)		≤0.05	≤0.05	
丙草胺/(mg/kg)		≤0.1	≤0.1	
稻丰散/(mg/kg)		≤0.05	≤0.05	
稻瘟灵/(mg/kg)		≤1	≤1	
敌稗/(mg/kg)		≤2	≤2	
敌瘟磷/(mg/kg)		≤0.1	≤0.1	
丁草胺/(mg/kg)		≤0.5	≤0.5	
多菌灵/(mg/kg)		≤2	≤2	
氟酰胺/(mg/kg)		≤1	≤1	
甲基毒死蜱/(mg/kg)		≤5	≤5	
甲基嘧啶磷/(mg/kg)		≤1	≤1	
甲萘威/(mg/kg)		≤1	≤1	
喹硫磷/(mg/kg)		≤0.2	≤0.2	
磷化铝/(mg/kg)		≤0.05	≤0.05	
马拉硫磷/(mg/kg)		≤0.1	≤0.1	
杀虫环/(mg/kg)		≤0.2	≤0.2	
杀虫双/(mg/kg)		≤0.2	≤0.2	
杀螟丹/(mg/kg)		≤0.1	≤0.1	
杀螟硫磷/(mg/kg)		≤1	≤1	
异丙威/(mg/kg)		≤0.2	≤0.2	

续表

项目	申报信息	河南好粮油(主食)检验指标要求	河南放心粮油(主食)检验指标要求	备注
莠去津/(mg/kg)		≤0.05	≤0.05	
艾氏剂/(mg/kg)		≤0.02	≤0.02	
滴滴涕/(mg/kg)		≤0.05	≤0.05	
狄氏剂/(mg/kg)		≤0.02	≤0.02	
六六六/(mg/kg)		≤0.05	≤0.05	
七氯/(mg/kg)		≤0.02	≤0.02	
4. 营养成分				
能量/(kJ)		可选择性测定并标识	可选择性测定并标识	
蛋白质/(g)		可选择性测定并标识	可选择性测定并标识	
脂肪/(g)		可选择性测定并标识	可选择性测定并标识	
碳水化合物/(g)		可选择性测定并标识	可选择性测定并标识	
钠/(mg)		可选择性测定并标识	可选择性测定并标识	
维生素 B1/(mg)		可选择性测定并标识	可选择性测定并标识	
硒/(mg)		可选择性测定并标识	可选择性测定并标识	
铁/(μg)		可选择性测定并标识	可选择性测定并标识	
其他特征指标		可选择性测定并标识	可选择性测定并标识	

三、挂面

项目	申报信息	河南好粮油(主食)检验指标要求	河南放心粮油(主食)检验指标要求	备注
1. 基本信息				
产品名称				
配料名称及占比				
食品添加剂				
执行标准				
净含量				
原料产地				
生产日期				
保质期				
贮存条件				

续表

项目	申报信息	河南好粮油(主食)检验指标要求	河南放心粮油(主食)检验指标要求	备注
食品生产许可证号				
生产企业				
生产地址				
联系电话				
2. 品质指标				
色泽		均匀一致	均匀一致	
口感		煮熟后口感不粘，不牙碜	煮熟后口感不粘，不牙碜	
杂质		无肉眼可见异物	无肉眼可见异物	
水分/(%)		≤14.5	≤14.5	
酸度/(mL/10g)		≤3.0	≤4.0	
自然断条率/(%)		挂面≤3	挂面≤5	
		多谷物挂面≤8	多谷物挂面≤10	
熟断条率/(%)		≤5	≤5	
烹调损失率/(%)		挂面≤8	挂面≤10	
		多谷物挂面≤15	多谷物挂面≤15	
3. 安全指标				
黄曲霉毒素B1/(μg/kg)		≤5	≤5	
脱氧雪腐镰刀菌烯醇/(μg/kg)		≤1000	≤1000	
赭曲霉毒素A/(μg/kg)		≤5	≤5	
玉米赤霉烯酮/(μg/kg)		≤60	≤60	
铅/(mg/kg)		≤0.2	≤0.2	
镉/(mg/kg)		≤0.1	≤0.1	
汞/(mg/kg)		≤0.02	≤0.02	
总砷/mg/kg)		≤0.5	≤0.5	
铬/(mg/kg)		≤1	≤1	

续表

项目	申报信息	河南好粮油（主食）检验指标要求	河南放心粮油（主食）检验指标要求	备注
苯并［a］芘（ug/kg）		≤5	≤5	
4. 营养成分				
能量/（kJ）		可选择性测定并标识	可选择性测定并标识	
蛋白质/（g）		可选择性测定并标识	可选择性测定并标识	
脂肪/（g）		可选择性测定并标识	可选择性测定并标识	
碳水化合物/（g）		可选择性测定并标识	可选择性测定并标识	
膳食纤维/（g）		可选择性测定并标识	可选择性测定并标识	
钠/（mg）		可选择性测定并标识	可选择性测定并标识	
硒/（μg）		可选择性测定并标识	可选择性测定并标识	
铁/（mg）		可选择性测定并标识	可选择性测定并标识	
钾/（mg）		可选择性测定并标识	可选择性测定并标识	
β-葡聚糖		可选择性测定并标识	可选择性测定并标识	
抗性淀粉		可选择性测定并标识	可选择性测定并标识	
黄酮		可选择性测定并标识	可选择性测定并标识	
其他特征指标		可选择性测定并标识	可选择性测定并标识	

四、花生油

项目	申报信息	河南好粮油（主食）检验指标要求	河南放心粮油（主食）检验指标要求	备注
1. 基本信息				
产品名称				
配料				
质量等级				
执行标准				
净含量				
原料产地				
原料收获时间				
原油加工日期				
保质期				
贮存条件				

续表

项目	申报信息	河南好粮油(主食)检验指标要求		河南放心粮油(主食)检验指标要求		备注
生产日期						
食品生产许可证号						
生产企业						
生产地址						
联系电话						
2. 品质指标						
折光指数(n40)		1.460～1.465		1.460～1.465		
相对密度/(d2020)		0.914～0.917		0.914～0.917		
碘值/(gI/100g)		86～107		86～107		
皂化值/(mgKOH/g)		187～196		187～196		
不皂化物/(g/kg)		≤10		≤10		
脂肪酸组成(%)		执行 GB/T 1534		执行 GB/T 1534		
色泽		压榨油	浸出油	压榨油	浸出油	
		一级≤Y15 R1.5,二级≤Y25 R4.0,采用 25.4 mm 比色槽	一级≤Y15 R1.5,二级≤Y20 R2.0,采用 133.4 mm 比色槽,三级≤Y25 R2.0,四级≤Y25 R4.0,采用 25.4 mm 比色槽	一级≤Y15 R1.5,二级≤Y25 R4.0,采用 25.4 mm 比色槽	一级≤Y15 R1.5,二级≤Y20 R2.0,采用 133.4 mm 比色槽,三级≤Y25 R2.0,四级≤Y25 R4.0,采用 25.4 mm 比色槽	

续表

项目	申报信息	河南好粮油(主食)检验指标要求		河南放心粮油(主食)检验指标要求		备注
水分及挥发物/(%)		一级≤0.1,二级≤0.15	一、二级≤0.05,三级≤0.10,四级≤0.20	一级≤0.1,二级≤0.15	一、二级≤0.05,三级≤0.10,四级≤0.20	
酸价(KOH)/(mg/g)		一级≤1.0,二级≤2.5	一级≤0.20,二级≤0.30,三级≤1.0,四级≤3.0	一级≤1.0,二级≤2.5	一级≤0.20,二级≤0.30,三级≤1.0,四级≤3.0	
过氧化值/(mmol/kg)		一级≤6.0,二级≤7.5	一、二级≤5.0,三、四级≤7.5	一级≤6.0,二级≤7.5	一、二级≤5.0,三、四级≤7.5	
烟点/(℃)		—	一级≥215,二级≥205	—	一级≥215,二级≥205	
含皂量/(%)		—	三级≤0.03	—	三级≤0.03	
溶剂残留量/(mg/kg)		不得检出	一级、二级为不得检出,三、四级≤50	不得检出	一级、二级为不得检出,三、四级≤50	
气味、滋味		执行 GB/T 1534		执行 GB/T 1534		
透明度		澄清、透明		澄清、透明		
不溶性杂质/(%)		≤0.05		≤0.05		
加热试验(280℃)		执行 GB/T 1534		执行 GB/T 1534		
多环芳烃/(μg/kg)		标注实测值		标注实测值		
反式脂肪酸/(%)						

续表

项目	申报信息	河南好粮油(主食)检验指标要求	河南放心粮油(主食)检验指标要求	备注
3. 安全指标				
黄曲霉毒素 B1/(ug/kg)		≤10	≤10	
总砷/mg/kg)		≤0.1	≤0.1	
铅/(mg/kg)		≤0.1	≤0.1	
苯并[a]芘/(ug/kg)		≤10	≤10	
乐果/(mg/kg)		≤0.05	≤0.05	
敌草快/(mg/kg)		≤0.05	≤0.05	
氟吡甲禾灵和高效氟吡甲禾灵/(mg/kg)		≤1	≤1	
腐霉利/(mg/kg)		≤0.5	≤0.5	
氯丹/(mg/kg)		≤0.02	≤0.02	
倍硫磷/(mg/kg)		≤0.01	≤0.01	
氟乐灵/(mg/kg)		≤0.05	≤0.05	
甲拌磷/(mg/kg)		≤0.05	≤0.05	
苯线磷/(mg/kg)		≤0.02	≤0.02	
涕灭威/(mg/kg)		≤0.01	≤0.01	
4. 营养成分				
能量/(kJ)		可选择性测定并标识	可选择性测定并标识	
蛋白质/(g)		可选择性测定并标识	可选择性测定并标识	
脂肪/(g)		可选择性测定并标识	可选择性测定并标识	
ω-3 脂肪酸/(%)		可选择性测定并标识	可选择性测定并标识	
ω-6 脂肪酸/(%)		可选择性测定并标识	可选择性测定并标识	
ω-9 脂肪酸/(%)		可选择性测定并标识	可选择性测定并标识	
碳水化合物/(g)		可选择性测定并标识	可选择性测定并标识	
钠/(mg)		可选择性测定并标识	可选择性测定并标识	

续表

项目	申报信息	河南好粮油（主食）检验指标要求	河南放心粮油（主食）检验指标要求	备注
甾醇总量/（mg/100g）		可选择性测定并标识	可选择性测定并标识	
维生素 E 总量/（mg/kg）		可选择性测定并标识	可选择性测定并标识	
角鲨烯/（mg/kg）		可选择性测定并标识	可选择性测定并标识	
多酚/（mg/kg）		可选择性测定并标识	可选择性测定并标识	
其他特征指标		可选择性测定并标识	可选择性测定并标识	

五、芝麻油

项目	申报信息	河南好粮油（主食）检验指标要求	河南放心粮油（主食）检验指标要求	备注
1. 基本信息				
产品名称				
配料				
质量等级				
执行标准				
净含量				
原料产地				
原料收获时间				
原油加工日期				
保质期				
贮存条件				
生产日期				
食品生产许可证号				
生产企业				
生产地址				
联系电话				
2. 品质指标				
折光指数（n40）		1. 465 ~ 1. 469	1. 465 ~ 1. 469	
相对密度/（d2020）		0. 915 ~ 0. 924	0. 915 ~ 0. 924	

续表

项目	申报信息	河南好粮油(主食)检验指标要求		河南放心粮油(主食)检验指标要求		备注
碘值/(gI/100g)		104~120		104~120		
皂化值/(mgKOH/g)		186~195		186~195		
不皂化物/(g/kg)		≤20		≤20		
脂肪酸组成(%)		执行 GB8233		执行 GB8233		
透明度		澄清、透明		澄清、透明		
气味、滋味		执行 GB8233		执行 GB8233		
色泽		芝麻香油	成品芝麻油	芝麻香油	成品芝麻油	
		一级≤Y70 R11,二级≤Y70R16,用25.4 mm比色槽	一级≤Y20 R2.0,采用133.4 mm比色槽 二级≤Y70 R10.0,用25.4 mm比色槽	一级≤Y70 R11,二级≤Y70 R16,用25.4 mm比色槽	一级≤Y20 R2.0,采用133.4 mm比色槽 二级≤Y70 R10.0,用25.4 mm比色槽	
水分及挥发物/(%)		一级≤0.10,二级≤0.20	一级≤0.05,二级≤0.10	一级≤0.10,二级≤0.20	一级≤0.05,二级≤0.10	
不溶性杂质/(%)		≤0.10	≤0.05	≤0.10	≤0.05	
酸价(KOH)/(mg/g)		一级≤2.0,二级≤4.0	一级≤0.60,二级≤3.0	一级≤2.0,二级≤4.0	一级≤0.60,二级≤3.0	
过氧化值/(mmol/kg)		一级≤6.0,二级≤7.5	≤6.0	一级≤6.0,二级≤7.5	≤6.0	
含皂量/(%)		—	≤0.03	—	≤0.03	

续表

项目	申报信息	河南好粮油(主食)检验指标要求		河南放心粮油(主食)检验指标要求		备注
冷冻试验(0℃储藏5.5h)		—	一级澄清、透明	—	一级澄清、透明	
溶剂残留量/(mg/kg)		不得检出	≤50	不得检出	≤50	
多环芳烃/(μg/kg)		标注实测值		标注实测值		
反式脂肪酸/(%)						
3. 安全指标						
黄曲霉毒素B1/(ug/kg)		≤10		≤10		
总砷/(mg/kg)		≤0.1		≤0.1		
铅/(mg/kg)		≤0.1		≤0.1		
苯并[a]芘/(ug/kg)		≤10		≤10		
乐果/(mg/kg)		≤0.05		≤0.05		
敌草快/(mg/kg)		≤0.05		≤0.05		
氟吡甲禾灵和高效氟吡甲禾灵/(mg/kg)		≤1		≤1		
腐霉利/(mg/kg)		≤0.5		≤0.5		
氯丹/(mg/kg)		≤0.02		≤0.02		
倍硫磷/(mg/kg)		≤0.01		≤0.01		
4. 营养成分						
能量/(kJ)		可选择性测定并标识		可选择性测定并标识		
蛋白质/(g)		可选择性测定并标识		可选择性测定并标识		
脂肪/(g)		可选择性测定并标识		可选择性测定并标识		
ω-3脂肪酸/(%)		可选择性测定并标识		可选择性测定并标识		
ω-6脂肪酸/(%)		可选择性测定并标识		可选择性测定并标识		
ω-9脂肪酸/(%)		可选择性测定并标识		可选择性测定并标识		

续表

项目	申报信息	河南好粮油(主食)检验指标要求	河南放心粮油(主食)检验指标要求	备注
碳水化合物/(g)		可选择性测定并标识	可选择性测定并标识	
钠/(mg)		可选择性测定并标识	可选择性测定并标识	
甾醇总量/(mg/100g)		可选择性测定并标识	可选择性测定并标识	
维生素E总量/(mg/kg)		可选择性测定并标识	可选择性测定并标识	
角鲨烯/(mg/kg)		可选择性测定并标识	可选择性测定并标识	
多酚/(mg/kg)		可选择性测定并标识	可选择性测定并标识	
芝麻素和芝麻林素/(mg/kg)		可选择性测定并标识	可选择性测定并标识	
其他特征指标		可选择性测定并标识	可选择性测定并标识	

六、饼干

项目	申报信息	河南好粮油(主食)检验指标要求	河南放心粮油(主食)检验指标要求	备注
1. 基本信息				
产品名称				
配料名称及占比				
食品添加剂				
执行标准				
净含量				
生产日期				
保质期				
贮存条件				
食品生产许可证号				
生产企业				
生产地址				
联系电话				
最佳食用期限及贮存条件				

续表

项目	申报信息	河南好粮油(主食)检验指标要求				河南放心粮油(主食)检验指标要求				备注
2. 感官要求										
色泽		具有产品应有的正常色泽				可选择性测定并标识				
滋味、气味		无异嗅,无异味□				无异嗅,无异味□				
状态		无霉变、无生虫,具有产品应有的形态				无霉变、无生虫,具有产品应有的形态				
组织		根据标准定义的不同饼干种类设定*				可选择性测定并标识				
杂质		无正常视力可见的外来异物				无正常视力可见的外来异物				
3. 理化指标 a 及污染物限量										
水分含量/(%)		根据标准定义的不同饼干种类设定*				可选择性测定并标识				
碱度(以碳酸钠计)/(%)		根据标准定义的不同饼干种类设定*				可选择性测定并标识				
酸价(以脂肪计)(KOH)/(mg/g)		≤5				≤5				
过氧化值(以脂肪计)/(g/100g)		≤0.25				≤0.25				
黄曲霉素 B_1/(μg/kg)		≤5.0				≤5.0				
铅/(mg/kg)		≤0.5				≤0.5				
4. 微生物限量										
项目[b]		采样方案及限量(若非指定,均以/25 g 或/25 mL 表示)				采样方案及限量(若非指定,均以/25g 或/25 mL 表示)				
		n	c	m	M	n	c	m	M	
沙门氏菌/(CFU/g)		5	0	0	—	5	0	0	—	
金黄色葡萄球菌/(CFU/g)		5	1	100	1000	5	1	100	1000	

续表

项目	申报信息	河南好粮油(主食)检验指标要求				河南放心粮油(主食)检验指标要求				备注
菌落总数/(CFU/g)		5	2	10^4	10^5	5	2	10^4	10^5	
大肠菌群/(CFU/g)		5	2	10	100	5	2	10	100	
霉菌/(CFU/g)		≤50				≤50				
5. 营养强化剂										
维生素 A		可选择性测定并标识				可选择性测定并标识				
维生素 D		可选择性测定并标识				可选择性测定并标识				
维生素 B_1		可选择性测定并标识				可选择性测定并标识				
维生素 B_2		可选择性测定并标识				可选择性测定并标识				
维生素 B_6		可选择性测定并标识				可选择性测定并标识				
烟酸(尼克酸)		可选择性测定并标识				可选择性测定并标识				
叶酸		可选择性测定并标识				可选择性测定并标识				
铁		可选择性测定并标识				可选择性测定并标识				
钙		可选择性测定并标识				可选择性测定并标识				
锌		可选择性测定并标识				可选择性测定并标识				
硒		可选择性测定并标识				可选择性测定并标识				
富硒酵母		可选择性测定并标识				可选择性测定并标识				
6. 食品添加剂										
富马酸/(g/kg)		≤3.0				≤3.0				
二氧化硫/(g/kg)		≤0.1				≤0.1				
焦亚硫酸钾/(g/kg)		≤0.1				≤0.1				
焦亚硫酸钠/(g/kg)		≤0.1				≤0.1				
亚硫酸钠/(g/kg)		≤0.1				≤0.1				
亚硫酸氢钠/(g/kg)		≤0.1				≤0.1				
三氯蔗糖/(g/kg)		≤0.25				可选择性测定并标识				

续表

项目	申报信息	河南好粮油(主食)检验指标要求	河南放心粮油(主食)检验指标要求	备注
低亚硫酸钠/(g/kg)		≤0.1	≤0.1	
甘草抗氧化物/(g/kg)		≤0.2	≤0.2	
焦糖色(亚硫酸铵法)/(g/kg)		≤50.0	≤50.0	
花生衣红/(g/kg)		≤0.4	≤0.4	
环已基氨基磺酸钠(甜蜜素)/(g/kg)		≤0.65	≤0.65	
可可壳色/(g/kg)		≤0.04	≤0.04	
亮蓝及其铝色淀/(g/kg)		≤0.025	≤0.025	
硫酸钙(石膏)/(g/kg)		≤10.0	≤10.0	
没食子酸丙酯(PG)/(g/kg)		≤0.1	≤0.1	
山梨醇酐单月桂酸酯(司盘20)/(g/kg)		≤3.0	≤3.0	
山梨醇酐单棕榈酸酯(司盘40)/(g/kg)		≤3.0	≤3.0	
山梨醇酐单硬脂酸酯(司盘60)/(g/kg)		≤3.0	≤3.0	
山梨醇酐三硬脂酸酯(司盘65)/(g/kg)		≤3.0	≤3.0	

续表

项目	申报信息	河南好粮油(主食)检验指标要求	河南放心粮油(主食)检验指标要求	备注
山梨醇酐单油酸酯(司盘 80)/(g/kg)		≤3.0	≤3.0	
酸性红(偶氮玉红)/(g/kg)		≤0.05	≤0.05	
天门冬酰苯丙氨酸甲酯(阿斯巴甜)/(g/kg)		≤1.7	≤1.7	
异构化乳糖液/(g/kg)		≤2.0	≤2.0	
硬脂酰乳酸钠/(g/kg)		≤2.0	≤2.0	
硬脂酰乳酸钙/(g/kg)		≤2.0	≤2.0	
栀子黄/(g/kg)		≤1.5	≤1.5	
植物炭黑/(g/kg)		≤5.0	≤5.0	
紫草红/(g/kg)		≤0.1	≤0.1	

注: a 中酸价和过氧化值的测定适用于含有油脂的产品。b 指出项目中,n 为同一批次产品应采集的样件数;c 为最大可允许超出 m 值的样品数;m 为致病菌指标可接受水平的限量值;M 为致病菌指标的最高安全限量值。* 食品添加剂检测仅适用于其配料表中列出的种类。

七、糕点

项目	申报信息	河南好粮油(主食)检验指标要求	河南放心粮油(主食)检验指标要求	备注
1. 基本信息				
产品名称				
配料名称及占比				
食品添加剂				
执行标准				
净含量				

续表

项目	申报信息	河南好粮油(主食)检验指标要求	河南放心粮油(主食)检验指标要求	备注
生产日期				
保质期				
贮存条件				
食品生产许可证号				
生产企业				
生产地址				
联系电话				
最佳食用期限及贮存条件				
2. 感官要求				
色泽		具有产品应有的正常色泽	可选择性测定并标识	
滋味、气味		具有产品应有的气味和滋味,无异味	具有产品应有的气味和滋味,无异味	
状态		无霉变、无生虫,具有产品应有的形态	无霉变、无生虫,具有产品应有的形态	
杂质		无正常视力可见的外来异物	无正常视力可见的外来异物	
3. 理化指标 a 及污染物限量				
水分含量/(%)		烘烤糕点(蛋糕类)≤42.0%;水蒸糕点(蛋糕类)≤35.0%	可选择性测定并标识	
总糖		烘烤糕点(蛋糕类)≤42.0%;水蒸糕点(蛋糕类)≤46.0%	可选择性测定并标识	

续表

<table>
<tr><td>项目</td><td>申报信息</td><td colspan="4">河南好粮油(主食)检验指标要求</td><td colspan="4">河南放心粮油(主食)检验指标要求</td><td>备注</td></tr>
<tr><td>蛋白质</td><td></td><td colspan="4">烘烤糕点(蛋糕类)≤4.0%;水蒸糕点(蛋糕类)≤4.0%</td><td colspan="4">可选择性测定并标识</td><td></td></tr>
<tr><td>酸价(以脂肪计)(KOH)/(mg/g)</td><td></td><td colspan="4">≤5.0</td><td colspan="4">≤5.0</td><td></td></tr>
<tr><td>过氧化值(以脂肪计)/(g/100g)</td><td></td><td colspan="4">≤0.25</td><td colspan="4">≤0.25</td><td></td></tr>
<tr><td>蛋白质/(g/100g)</td><td></td><td colspan="4">≥8.0</td><td colspan="4">≥8.0</td><td></td></tr>
<tr><td>食盐(以 NaCl 计)/(g/100g)</td><td></td><td colspan="4">≤6.5</td><td colspan="4">≤6.5</td><td></td></tr>
<tr><td>铅/(mg/kg)</td><td></td><td colspan="4">≤0.5</td><td colspan="4">≤0.5</td><td></td></tr>
<tr><td>总砷/(mg/kg)</td><td></td><td colspan="4">≤0.5</td><td colspan="4">≤0.5</td><td></td></tr>
<tr><td>总汞/(mg/kg)</td><td></td><td colspan="4">≤0.02</td><td colspan="4">≤0.02</td><td></td></tr>
<tr><td>镉/(mg/kg)</td><td></td><td colspan="4">≤0.1</td><td colspan="4">≤0.1</td><td></td></tr>
<tr><td>黄曲霉素 B_1/(μg/kg)</td><td></td><td colspan="4">≤5.0</td><td colspan="4">≤5.0</td><td></td></tr>
<tr><td colspan="11">4. 微生物限量</td></tr>
<tr><td rowspan="2">项目[b]</td><td></td><td colspan="4">采样方案及限量(若非指定,均以/25 g 或/25 mL 表示)</td><td colspan="4">采样方案及限量(若非指定,均以/25 g 或/25 mL 表示)</td><td></td></tr>
<tr><td></td><td>n</td><td>c</td><td>m</td><td>M</td><td>n</td><td>c</td><td>m</td><td>M</td><td></td></tr>
<tr><td>沙门氏菌/(CFU/g)</td><td></td><td>5</td><td>0</td><td>0</td><td>—</td><td>5</td><td>0</td><td>0</td><td>—</td><td></td></tr>
<tr><td>金黄色葡萄球菌/(CFU/g)</td><td></td><td>5</td><td>1</td><td>100</td><td>1000</td><td>5</td><td>1</td><td>100</td><td>1000</td><td></td></tr>
<tr><td>菌落总数/(CFU/g)</td><td></td><td>5</td><td>2</td><td>10^4</td><td>10^5</td><td>5</td><td>2</td><td>10^4</td><td>10^5</td><td></td></tr>
<tr><td>大肠菌群/(CFU/g)</td><td></td><td>5</td><td>2</td><td>10</td><td>100</td><td>5</td><td>2</td><td>10</td><td>100</td><td></td></tr>
<tr><td>霉菌/(CFU/g)</td><td></td><td colspan="4">≤150</td><td colspan="4">≤150</td><td></td></tr>
</table>

续表

项目	申报信息	河南好粮油(主食)检验指标要求	河南放心粮油(主食)检验指标要求	备注
5. 营养强化剂				
维生素 A		可选择性测定并标识	可选择性测定并标识	
维生素 B_1		可选择性测定并标识	可选择性测定并标识	
维生素 B_2		可选择性测定并标识	可选择性测定并标识	
铁		可选择性测定并标识	可选择性测定并标识	
钙		可选择性测定并标识	可选择性测定并标识	
锌		可选择性测定并标识	可选择性测定并标识	
6. 食品添加剂 * *				
丙二醇/(g/kg)		≤3.0	≤3.0	
丙二醇脂肪酸酯/(g/kg)		≤3.0	≤3.0	
丙酸及其钠盐、钙盐/(g/kg)		≤2.5	≤2.5	
茶多酚(维多酚)/(g/kg)		≤0.4	≤0.4	
赤藓红及其铝色淀/(g/kg)		≤0.05	≤0.05	
单辛酸甘油酯/(g/kg)		≤1.0	≤1.0	
靛蓝及其铝色淀/(g/kg)		≤0.1	≤0.1	
对羟基苯甲酸酯类及其钠盐/(g/kg)		≤0.5	≤0.5	
富马酸/(g/kg)		≤3.0	≤3.0	
黑豆红/(g/kg)		≤0.8	≤0.8	
红花黄/(g/kg)		≤0.2	≤0.2	
红曲红/(g/kg)		≤0.9	≤0.9	
红曲米/(g/kg)		≤0.9	≤0.9	
环己基氨基磺酸钠(甜蜜素)/(g/kg)		≤1.6	≤1.6	
环己基氨基磺酸钙/(g/kg)		≤1.6	≤1.6	

续表

项目	申报信息	河南好粮油(主食)检验指标要求	河南放心粮油(主食)检验指标要求	备注
金樱子棕/(g/kg)		≤0.9	≤0.9	
菊花黄浸膏/(g/kg)		≤0.3	≤0.3	
聚氧乙烯(20)山梨醇酐单月桂酸酯(吐温20)/(g/kg)		≤2.0	≤2.0	
聚氧乙烯(20)山梨醇酐单棕榈酸酯(吐温40)/(g/kg)		≤2.0	≤2.0	
聚氧乙烯(20)山梨醇酐单硬脂酸酯(吐温60)/(g/kg)		≤2.0	≤2.0	
聚氧乙烯(20)山梨醇酐单油酸酯(吐温80)/(g/kg)		≤2.0	≤2.0	
可可壳色/(g/kg)		≤0.9	≤0.9	
辣椒橙/(g/kg)		≤0.9	≤0.9	
辣椒红/(g/kg)		≤0.9	≤0.9	
蓝锭果红/(g/kg)		≤2.0	≤2.0	
硫酸钙(石膏)/(g/kg)		≤10.0	≤10.0	
落葵红/(g/kg)		≤0.2	≤0.2	
木糖醇酐单硬脂酸酯/(g/kg)		≤3.0	≤3.0	
纳他霉素/(g/kg)		≤0.3	≤0.3	

续表

项目	申报信息	河南好粮油(主食)检验指标要求	河南放心粮油(主食)检验指标要求	备注
柠檬黄及其铝色淀/(g/kg)		≤0.1	≤0.1	
日落黄及其铝色淀/(g/kg)		≤0.1	≤0.1	
沙棘黄/(g/kg)		≤1.5	≤1.5	
山梨酸及其钾盐/(g/kg)		≤1.0	≤1.0	
双乙酸钠(二醋酸钠)/(g/kg)		≤4.0	≤4.0	
酸枣色/(g/kg)		≤0.2	≤0.2	
天门冬酰苯丙氨酸甲酯(阿斯巴甜)/(g/kg)		≤1.7	≤1.7	
天然苋菜红/(g/kg)		≤0.25	≤0.25	
山梨醇酐单月桂酸酯(司盘20)/(g/kg)		≤3.0	≤3.0	
山梨醇酐单棕榈酸酯(司盘40)/(g/kg)		≤3.0	≤3.0	
山梨醇酐单硬脂酸酯(司盘60)/(g/kg)		≤3.0	≤3.0	
山梨醇酐三硬脂酸酯(司盘65)/(g/kg)		≤3.0	≤3.0	
山梨醇酐单油酸酯(司盘80)/(g/kg)		≤3.0	≤3.0	

续表

项目	申报信息	河南好粮油(主食)检验指标要求	河南放心粮油(主食)检验指标要求	备注
甜菊糖苷/(g/kg)		≤0.33	≤0.33	
脱氢乙酸及其钠盐(脱氢醋酸及其钠盐)/(g/kg)		≤0.5	≤0.5	
苋菜红及其铝色淀/(g/kg)		≤0.05	≤0.05	
新红及其铝色淀/(g/kg)		≤0.05	≤0.05	
胭脂红及其铝色淀/(g/kg)		≤0.05	≤0.05	
杨梅红/(g/kg)		≤0.2	≤0.2	
硬脂酸钾/(g/kg)		≤0.18	≤0.18	
硬脂酰乳酸钠,硬脂酰乳酸钙/(g/kg)		≤2.0	≤2.0	
诱惑红及其铝色淀/(g/kg)		≤0.05	≤0.05	
栀子黄/(g/kg)		≤0.9	≤0.9	
植物炭黑/(g/kg)		≤5.0	≤5.0	
紫草红/(g/kg)		≤0.9	≤0.9	
紫甘薯色素/(g/kg)		≤0.2	≤0.2	
特丁基对苯二酚(TBHQ)/(g/kg)		≤0.2	≤0.2	
亮蓝及其铝色淀/(g/kg)		≤0.025	≤0.025	

注: a 中酸价和过氧化值的测定适用于含有油脂的产品。b 指出项目中,n 为同一批次产品应采集的样件数;c 为最大可允许超出 m 值的样品数;m 为致病菌指标可接受水平的限量值;M 为致病菌指标的最高安全限量值。* * 指出食品添加剂检测需要根据不同种类的糕点标准进行食品添加剂的检测,见 GB 2760—2014。

八、面包

项目	申报信息	河南好粮油(主食)检验指标要求	河南放心粮油(主食)检验指标要求	备注
1. 基本信息				
产品名称				
配料名称及占比				
食品添加剂				
执行标准				
净含量				
生产日期				
保质期				
贮存条件				
食品生产许可证号				
生产企业				
生产地址				
联系电话				
最佳食用期限及贮存条件				
2. 感官要求				
色泽		具有产品应有的正常色泽	可选择性测定并标识	
滋味、气味		无异嗅,无异味□	无异嗅,无异味□	
状态		无霉变、无生虫,具有产品应有的形态	无霉变、无生虫,具有产品应有的形态	
组织		具有产品应有的组织	可选择性测定并标识	
杂质		无正常视力可见的外来异物	无正常视力可见的外来异物	
3. 理化指标 a 及污染物限量				
水分含量/(%)		软式、硬式、调理和其他面包 ≤45% 起酥≤36%	可选择性测定并标识	
比容/(mL/g)		≤7.0	≤7.0	
酸价(以脂肪计)(KOH)/(mg/g)		≤5	≤5	

续表

项目	申报信息	河南好粮油（主食）检验指标要求				河南放心粮油（主食）检验指标要求				备注
过氧化值（以脂肪计）/(g/100g)		≤0.25				≤0.25				
酸度/(°T)		≤6				≤6				
黄曲霉素 B_1/(μg/kg)		≤5.0				≤5.0				
铅/(mg/kg)		≤0.5				≤0.5				
铝/(mg/kg)		不得检出				不得检出				
4. 微生物限量										
项目[b]		采样方案及限量（若非指定，均以/25 g 或/25 mL 表示）				采样方案及限量（若非指定，均以/25 g 或/25 mL 表示）				
		n	c	m	M	n	c	m	M	
沙门氏菌/(CFU/g)		5	0	0	—	5	0	0	—	
金黄色葡萄球菌/(CFU/g)		5	1	100	1000	5	1	100	1000	
菌落总数/(CFU/g)		5	2	10^4	10^5	5	2	10^4	10^5	
大肠菌群/(CFU/g)		5	2	10	100	5	2	10	100	
霉菌/(CFU/g)		≤150				≤150				
5. 营养强化剂										
维生素 B_1		可选择性测定并标识				可选择性测定并标识				
维生素 B_2		可选择性测定并标识				可选择性测定并标识				
烟酸（尼克酸）		可选择性测定并标识				可选择性测定并标识				
铁		可选择性测定并标识				可选择性测定并标识				
钙		可选择性测定并标识				可选择性测定并标识				
锌		可选择性测定并标识				可选择性测定并标识				
硒		可选择性测定并标识				可选择性测定并标识				
富硒酵母		可选择性测定并标识				可选择性测定并标识				
L-赖氨酸		可选择性测定并标识				可选择性测定并标识				

续表

项目	申报信息	河南好粮油(主食)检验指标要求	河南放心粮油(主食)检验指标要求	备注
6. 食品添加剂＊＊				
丙酸及其钠盐、钙盐/(g/kg)		≤2.5	≤2.5	
富马酸/(g/kg)		≤3.0	≤3.0	
聚氧乙烯(20)山梨醇酐单月桂酸酯(吐温20)/(g/kg)		≤2.5	≤2.5	
聚氧乙烯(20)山梨醇酐单棕榈酸酯(吐温40)/(g/kg)		≤2.5	≤2.5	
聚氧乙烯(20)山梨醇酐单硬脂酸酯(吐温60)/(g/kg)		≤2.5	≤2.5	
聚氧乙烯(20)山梨醇酐单油酸酯(吐温80)/(g/kg)		≤2.5	≤2.5	
抗坏血酸棕榈酸酯/(g/kg)		≤0.2	≤0.2	
木糖醇酐单硬脂酸酯/(g/kg)		≤3.0	≤3.0	
山梨醇酐单月桂酸酯(司盘20)/(g/kg)		≤3.0	≤3.0	
山梨醇酐单棕榈酸酯(司盘40)/(g/kg)		≤3.0	≤3.0	

续表

项目	申报信息	河南好粮油(主食)检验指标要求	河南放心粮油(主食)检验指标要求	备注
山梨醇酐单硬脂酸酯(司盘60)/(g/kg)		≤3.0	≤3.0	
山梨醇酐三硬脂酸酯(司盘65)/(g/kg)		≤3.0	≤3.0	
山梨醇酐单油酸酯(司盘80)/(g/kg)		≤3.0	≤3.0	
山梨酸及其钾盐/(g/kg)		≤1.0	≤1.0	
羧甲基淀粉钠/(g/kg)		≤0.02	≤0.02	
天门冬酰苯丙氨酸甲酯(阿斯巴甜)/(g/kg)		≤4.0	≤4.0	
田菁胶/(g/kg)		≤2.0	≤2.0	
脱氢乙酸及其钠盐(脱氢醋酸及其钠盐)/(g/kg)		≤0.5	≤0.5	
环己基氨基磺酸钠(甜蜜素)/(g/kg)		≤1.6	≤1.6	
环己基氨基磺酸钙/(g/kg)		≤1.6	≤1.6	
可可壳色/(g/kg)		≤0.5	≤0.5	
硬脂酰乳酸钠/(g/kg)		≤2.0	≤2.0	
硬脂酰乳酸钙/(g/kg)		≤2.0	≤2.0	

续表

项目	申报信息	河南好粮油(主食)检验指标要求	河南放心粮油(主食)检验指标要求	备注
硫酸钙(石膏)/(g/kg)		≤10.0	≤10.0	
海藻酸钙(褐藻酸钙)/(g/kg)		≤5.0	≤5.0	

注:a 中酸价和过氧化值的测定适用于含有油脂的产品。b 指出项目中,n 为同一批次产品应采集的样件数;c 为最大可允许超出 m 值的样品数;m 为致病菌指标可接受水平的限量值;M 为致病菌指标的最高安全限量值。* * 指出食品添加剂检测需要根据不同种类的面包标准进行食品添加剂的检测,见 GB 2760—2014。

九、方便鲜湿面

项目	申报信息	河南好粮油(主食)检验指标要求	河南放心粮油(主食)检验指标要求	备注
1. 基本信息				
产品名称				
配料名称及占比				
食品添加剂				
执行标准				
净含量				
生产日期				
保质期				
贮存条件				
食品生产许可证号				
生产企业				
生产地址				
联系电话				
食用方法				
最佳食用期限及贮存条件				

续表

项目	申报信息	河南好粮油(主食)检验指标要求	河南放心粮油(主食)检验指标要求	备注
2. 品质指标				
色泽		具有该产品应有的、基本均匀一致的色泽	具有该产品应有的、基本均匀一致的色泽	
气味		具有本产品应有的滋味和气味、无酸味、霉味及其他异味	具有本产品应有的滋味和气味、无酸味、霉味及其他异味	
口感		口感正常、不粘牙、不牙碜	口感正常、不粘牙、不牙碜	
杂质		无正常视力可见杂质	无正常视力可见杂质	
水分/(%)		≤75	≤75	
总酸(以乳酸计)/(g/kg)		≤5	≤5	
栀子黄(面饼)/(g/kg)		≤1.5	≤1.5	
3. 安全指标				
菌落总数/(cuf/g)		(面饼和料包)n:5 c:2 m:10000 M:100000(面饼)n:5 c:2 m:100 M:1000	(面饼和料包)n:5 c:2 m:10000 M:100000(面饼)n:5 c:2 m:100 M:1000	
大肠菌群/(MPN/100g)		n:5 c:2 m:10 M:100	n:5 c:2 m:10 M:100	
沙门氏菌/(MPN/100g)		n:5 c:0 m:0	n:5 c:0 m:0	
金黄色葡萄球菌,cuf/g		n:5 c:1 m:10 M:100	n:5 c:1 m:10 M:100	
黄曲霉毒素 B1/(μg/kg)		≤5	≤5	
脱氧雪腐镰刀菌烯醇/(μg/kg)		≤1000	≤1000	
赭曲霉毒素 A/(μg/kg)		≤5	≤5	

续表

项目	申报信息	河南好粮油(主食)检验指标要求	河南放心粮油(主食)检验指标要求	备注
玉米赤霉烯酮/(μg/kg)		≤60	≤60	
铅/(mg/kg)		≤0.2	≤0.2	
镉/(mg/kg)		≤0.1	≤0.1	
汞/(mg/kg)		≤0.02	≤0.02	
总砷/mg/kg)		≤0.5	≤0.5	
铬/(mg/kg)		≤1	≤1	
4. 营养成分				
能量/(kJ)		可选择性测定并标识	可选择性测定并标识	
蛋白质/(g)		可选择性测定并标识	可选择性测定并标识	
脂肪/(g)		可选择性测定并标识	可选择性测定并标识	
碳水化合物/(g)		可选择性测定并标识	可选择性测定并标识	
钠/(mg)		可选择性测定并标识	可选择性测定并标识	
硒/(μg)		可选择性测定并标识	可选择性测定并标识	
铁/(mg)		可选择性测定并标识	可选择性测定并标识	
钾/(mg)		可选择性测定并标识	可选择性测定并标识	
β-葡聚糖		可选择性测定并标识	可选择性测定并标识	
抗性淀粉		可选择性测定并标识	可选择性测定并标识	
黄酮		可选择性测定并标识	可选择性测定并标识	
其他特征指标		可选择性测定并标识	可选择性测定并标识	

十、方便面

项目	申报信息	河南好粮油(主食)检验指标要求	河南放心粮油(主食)检验指标要求	备注
1. 基本信息				
产品名称				
配料名称及占比				
食品添加剂				
执行标准				
净含量				
生产日期				

续表

项目	申报信息	河南好粮油（主食）检验指标要求	河南放心粮油（主食）检验指标要求	备注
保质期				
贮存条件				
食品生产许可证号				
生产企业				
生产地址				
联系电话				
2. 品质指标				
色泽		呈均匀乳白色或淡黄色、无焦、生现象，允许正反两面略有深浅差别	呈均匀乳白色或淡黄色、无焦、生现象，允许正反两面略有深浅差别	
滋味、气味		滋味和气味正常，无霉变、哈喇味及其他异味	滋味和气味正常，无霉变、哈喇味及其他异味	
杂质		无可见杂质	无可见杂质	
复水性		面条复水后无明显断条、并条，口感不夹生、不粘牙	面条复水后无明显断条、并条，口感不夹生、不粘牙	
净含量允差		不得超过 -3%	不得超过 -3%	
水分/（g/100g）		油炸面饼≤10	油炸面饼≤10	
		非油炸面饼≤14	非油炸面饼≤14	
酸价（以脂肪计）（KOH）/（mg/g）		油炸面饼≤1.8	油炸面饼≤1.8	
过氧化值（以脂肪计）/（g/100g）		油炸面饼≤0.25	油炸面饼≤0.25	
脂肪/（%）		≤24	≤24	
氯化钠/（%）		≤2.5	≤2.5	
复水时间/（min）		≤4	≤4	

续表

项目	申报信息	河南好粮油(主食)检验指标要求	河南放心粮油(主食)检验指标要求	备注
3. 安全指标				
菌落总数(面块和调料)/(cuf/g)		n:5 c:2 m:10000 M:100000	n:5 c:2 m:10000 M:100000	
大肠菌群(面块和调料)/(MPN/100g)		n:5 c:2 m:10 M:100	n:5 c:2 m:10 M:100	
沙门氏菌/(MPN/100g)		n:5 c:0 m:0	n:5 c:0 m:0	
金黄色葡萄球菌/(cuf/g)		n:5 c:1 m:100 M:1000	n:5 c:1 m:100 M:1000	
山梨酸/(g/kg)		≤0.5	≤0.5	
苯甲酸/(g/kg)		≤1.0	≤1.0	
总砷(以As计)/(mg/kg)		≤0.5	≤0.5	
铅(以Pb计)/(mg/kg)		≤0.5	≤0.5	
4. 营养成分				
能量/(kJ)		可选择性测定并标识	可选择性测定并标识	
蛋白质/(g)		可选择性测定并标识	可选择性测定并标识	
脂肪/(g)		可选择性测定并标识	可选择性测定并标识	
碳水化合物/(g)		可选择性测定并标识	可选择性测定并标识	
钠/(mg)		可选择性测定并标识	可选择性测定并标识	

十一、速冻水饺

项目	申报信息	河南好粮油(主食)检验指标要求	河南放心粮油(主食)检验指标要求	备注
1. 基本信息				
产品名称				
配料名称及占比				
食品添加剂				
执行标准				
净含量				

续表

项目	申报信息	河南好粮油(主食) 检验指标要求	河南放心粮油(主食) 检验指标要求	备注
生产日期				
保质期				
贮存条件				
食品生产许可证号				
生产企业				
生产地址				
联系电话				
最佳食用期限及贮存条件				
2. 感官指标				
组织形态		具有该品种应有的形态,不变形,不破损,表面不结霜	具有该品种应有的形态,不变形,不破损,表面不结霜	
色泽		具有该品种应有的色泽	具有该品种应有的色泽	
滋味、气味		具有该品种应有的滋味和气味,无异味	具有该品种应有的滋味和气味,无异味	
杂质		外表及内部均无肉眼可见杂质	外表及内部均无肉眼可见杂质	
3. 理化指标				
过氧化值[a](以脂肪计) a 仅适用于以动物性食品或坚果类为主要原料馅料的产品		≤0.25g/100g	≤0.25g/100g	
水分(g/100g)		≤肉类65,≤含肉类70,≤无肉类65	≤肉类65,≤含肉类70,≤无肉类65	
蛋白质(g/100g)		≥肉类6.0,≥含肉类2.5	≥肉类6.0,≥含肉类2.5	
脂肪(g/100g)		≤肉类18,≤含肉类18	≤肉类18,≤含肉类18	

续表

项目	申报信息	河南好粮油(主食)检验指标要求	河南放心粮油(主食)检验指标要求	备注
4. 安全指标				
金黄色葡萄球菌/(cuf/g)		n: 5 c: 1 m: 1000 M: 10000	n: 5 c: 1 m: 1000 M: 10000	
沙门氏菌/(MPN/100g)		n:5 c:0 m:0	n:5 c:0 m:0	
铅/(mg/kg)		≤0.2(不带馅料);≤0.5(带馅料)	≤0.2(不带馅料);≤0.5(带馅料)	
镉/(mg/kg)		≤0.1	≤0.1	
汞/(mg/kg)		≤0.02	≤0.02	
总砷/(mg/kg)		≤0.5	≤0.5	
铬/(mg/kg)		≤1	≤1	
5. 营养成分				
能量/(kJ)		可选择性测定并标识	可选择性测定并标识	
蛋白质/(g)		可选择性测定并标识	可选择性测定并标识	
脂肪/(g)		可选择性测定并标识	可选择性测定并标识	
碳水化合物/(g)		可选择性测定并标识	可选择性测定并标识	
钠/(mg)		可选择性测定并标识	可选择性测定并标识	

十二、速冻汤圆

项目	申报信息	河南好粮油(主食)检验指标要求	河南放心粮油(主食)检验指标要求	备注
1. 基本信息				
产品名称				
配料名称及占比				
食品添加剂				
执行标准				
净含量				
生产日期				
保质期				
贮存条件				
食品生产许可证号				

续表

项目	申报信息	河南好粮油(主食)检验指标要求	河南放心粮油(主食)检验指标要求	备注
生产企业				
生产地址				
联系电话				
最佳食用期限及贮存条件				
2. 感官指标				
组织形态		具有该品种应有的形态,不变形,不破损,表面不结霜	具有该品种应有的形态,不变形,不破损,表面不结霜	
色泽		具有该品种应有的色泽	具有该品种应有的色泽	
滋味、气味		具有该品种应有的滋味和气味,无异味	具有该品种应有的滋味和气味,无异味	
杂质		外表及内部均无肉眼可见杂质	外表及内部均无肉眼可见杂质	
3. 理化指标				
过氧化值[a](以脂肪计) a 仅适用于以动物性食品或坚果类为主要原料馅料的产品		≤0.25g/100g	≤0.25g/100g	
水分/(g/100g)		≤55	≤55	
脂肪/(g/100g)		≤18(有馅);0(无馅)	≤18(有馅);0(无馅)	
总糖(以葡萄糖计,g/100g)		<0.5(无糖);≥0.5(含糖);0(无馅)	<0.5(无糖);≥0.5(含糖);0(无馅)	
4. 安全指标				
金黄色葡萄球菌/(cuf/g)		n:5 c:1 m:1000 M:10000	n:5 c:1 m:1000 M:10000	
沙门氏菌/(MPN/100g)		n:5 c:0 m:0	n:5 c:0 m:0	

续表

项目	申报信息	河南好粮油(主食)检验指标要求	河南放心粮油(主食)检验指标要求	备注
铅(mg/kg)		≤0.2(不带馅料);≤0.5(带馅料)	≤0.2(不带馅料);≤0.5(带馅料)	
镉(mg/kg)		≤0.1	≤0.1	
汞(mg/kg)		≤0.02	≤0.02	
总砷(mg/kg)		≤0.5	≤0.5	
铬(mg/kg)		≤1	≤1	
5. 营养成分				
能量/(kJ)		可选择性测定并标识	可选择性测定并标识	
蛋白质/(g)		可选择性测定并标识	可选择性测定并标识	
脂肪/(g)		可选择性测定并标识	可选择性测定并标识	
碳水化合物/(g)		可选择性测定并标识	可选择性测定并标识	
钠/(mg)		可选择性测定并标识	可选择性测定并标识	

十三、馒头

项目	申报信息	河南好粮油(主食)检验指标要求	河南放心粮油(主食)检验指标要求	备注
1. 基本信息				
产品名称				
配料名称及占比				
食品添加剂				
执行标准				
净含量				
生产日期				
保质期				
贮存条件				
食品生产许可证号				
生产企业				
生产地址				
联系电话				
最佳食用期限及贮存条件				

续表

项目	申报信息	河南好粮油(主食)检验指标要求	河南放心粮油(主食)检验指标要求	备注
2. 品质指标				
外观		外观完整,色泽正常,表面无皱缩塌陷,也无黄斑、灰斑、黑斑、白毛和粘斑等缺陷,无异物	外观完整,色泽正常,表面无皱缩塌陷,也无黄斑、灰斑、黑斑、白毛和粘斑等缺陷,无异物	
内部		质构特征均一,有弹性,呈海绵状,无粗糙大孔洞、局部硬块、干面粉痕迹及黄色碱斑等明显缺陷,无异物	质构特征均一,有弹性,呈海绵状,无粗糙大孔洞、局部硬块、干面粉痕迹及黄色碱斑等明显缺陷,无异物	
口感		无生感,不黏牙,不牙碜	无生感,不黏牙,不牙碜	
滋味和气味		具有小麦粉经发酵蒸制后特有的滋味和气味,无异味	具有小麦粉经发酵蒸制后特有的滋味和气味,无异味	
比容		1.7	1.7	
水分(%)		≤45	≤45	
pH		5.6~7.2	5.6~7.2	
3. 安全指标				
大肠菌群(MPN/100g)		≤30	≤30	
致病菌(沙门氏菌、志贺氏菌、金黄色葡萄球菌等)		不得检出	不得检出	
霉菌计数/CFU/g)		≤200	≤200	
铅/(mg/kg)		≤0.5	≤0.5	
镉/(mg/kg)		≤0.1	≤0.1	
汞/(mg/kg)		≤0.02	≤0.02	
总砷/(mg/kg)		≤0.5	≤0.5	

续表

项目	申报信息	河南好粮油(主食)检验指标要求	河南放心粮油(主食)检验指标要求	备注
铬/(mg/kg)		≤1	≤1	
4. 营养成分				
能量/(kJ)		可选择性测定并标识	可选择性测定并标识	
蛋白质/(g)		可选择性测定并标识	可选择性测定并标识	
脂肪/(g)		可选择性测定并标识	可选择性测定并标识	
碳水化合物/(g)		可选择性测定并标识	可选择性测定并标识	
钠/(mg)		可选择性测定并标识	可选择性测定并标识	
硒/(μg)		可选择性测定并标识	可选择性测定并标识	
铁/(mg)		可选择性测定并标识	可选择性测定并标识	
钾/(mg)		可选择性测定并标识	可选择性测定并标识	
其他特征指标		可选择性测定并标识	可选择性测定并标识	

公布第一批“好粮油”系列产品暨加工企业名单

为推动全省粮食产业经济发展，提高绿色优质粮油产品的供给水平，促进粮油供给从“吃得饱”到“吃得好”的转变，根据《国家粮食局　财政部关于印发“优质粮食工程”实施方案的通知》（国粮财〔2017〕180号）、《河南省粮食局　河南省财政厅关于印发“优质粮食工程”实施方案的通知》（豫粮〔2017〕7号）和《河南省粮食局　河南省财政厅关于印发河南省2017~2018年度“中国好粮油”行动计划申报指南的通知》（豫粮文〔2017〕215号）精神，经全省各级粮食部门层层申报、审核、筛选、把关、推荐等，省粮食局按程序抽取并组织专家评审，并将评审结果进行了公示，公示期间未收到任何单位或个人有异议的反馈。经研究，决定将第一批河南好（放心）粮油产品暨河南好（放心）粮油加工企业名单等予以公布（见附件）。

一、“好粮油”系列产品及加工企业实行动态管理，称号自发文日期起，有效期三年。省局每年至少对相关产品进行两次全覆盖的检测，对检测不合格的，撤销相关产品及加工企业称号。

二、相关企业要进一步深化产品升级，研发推广优质粮油新产品，提升产品品质，扩大品牌影响力，增强市场竞争力。

三、各地粮食部门以及有关省直粮油企业要加强对企业的指导服务，加强宣传力度，支持企业做大做强，并充分发挥被认定企业的示范带动作用，辐射带动全省优质粮油产业发展。

附件：1. 第一批河南好粮油（主食）产品名单
2. 第一批河南好粮油（主食）加工企业名单
3. 第一批河南放心粮油（主食）产品名单
4. 第一批河南放心粮油（主食）加工企业名单

附件1

第一批河南好粮油（主食）产品名单

序号	市、县	产品品牌	产品名称	生产企业
1	郑州市	思念	猪肉香菇灌汤水饺	郑州思念食品有限公司
2		思念	至臻虾皇饺	
3		思念	黑芝麻汤圆	
4		思念	彩玉八宝玉汤圆	
5		爱厨	压榨一级花生油	河南爱厨植物油有限公司
6		爱厨	芝麻香油	
7		谷妈咪	钙铁锌面（挂面）	郑州万家食品有限公司
8	洛阳市	鸿磊	鸿磊挂面	洛阳鸿磊面业有限公司
9		豫皇	豫皇挂面	河南省偃师市面粉厂
10	安阳市	星河	压榨一级花生油	河南省星河油脂有限公司
11	鹤壁市	淇花	压榨一级花生油	河南省淇花食用油有限公司
12	新乡市	仙力	阳春挂面	河南仙力面业有限公司
13	焦作市	麦乡	雪花粉	河南天香面业有限公司
14		麦乡	铁棍山药挂面	
15		思圆	特精粉	河南斯美特食品有限公司
16	濮阳市	训达	压榨一级花生油	濮阳训达粮油股份有限公司
17		红磨坊	普通土司	河南红磨坊食品有限公司
18		红磨坊	桃酥	
19	许昌市	首山	高筋小麦粉	河南豫粮面粉有限公司
20		首山	超精小麦粉	
21	漯河市	雪健	麦芯龙须面	河南省雪健实业有限公司
22		义兴坊	特级精粉	漯河石磨坊面业有限公司
23	三门峡市	三味奇	芝麻桃酥	河南三味奇食品有限公司
24		三味奇	超绵吐司	
25	南阳市	想念	麦胚鸡蛋风味挂面	想念食品股份有限公司
26		想念	麦胚香菇风味挂面	
27		想念	麦胚柳叶挂面	
28		想念	麦胚龙须挂面	
29		吉祥结	压榨一级花生油	南阳市瑞丰粮油有限公司
30		吉祥结	小磨香油	
31		白硕	刀削面挂面	河南白硕面业有限公司

续表

序号	市、县	产品品牌	产品名称	生产企业
32	商丘市	诚实人	高筋原味面	河南诚实人实业集团有限公司
33		神人助	高级特精粉	河南神人助粮油有限公司
34		万象	特精粉	商丘市万象面粉有限公司
35	周口市	李家	天然小磨香油	周口市老磨坊粮油食品有限公司
36		福运多	面条通用粉	河南红满天面业有限公司
37		正星	馒头粉（高筋小麦粉）	郸城县正星粉业有限公司
38	驻马店市	阿诚	芝麻香油	平舆康博汇鑫油脂有限公司
39		一加一	劲劲天然高筋面粉（高筋小麦粉）	一加一天然面粉有限公司
40	长垣县	志情缘	高筋小麦粉	河南志情面业有限责任公司
41	永城市	华星宫川	手擀面	河南华星宫川食品有限公司

附件2

第一批河南好粮油(主食)加工企业名单

序号	市、县	企业名称	序号	市、县	企业名称
1	郑州市	郑州思念食品有限公司	16	三门峡市	河南三味奇食品有限公司
2		河南爱厨植物油有限公司	17	南阳市	想念食品股份有限公司
3		郑州万家食品有限公司	18		南阳市瑞丰粮油有限公司
4	洛阳市	洛阳鸿磊面业有限公司	19		河南白硕面业有限公司
5		河南省偃师市面粉厂	20	商丘市	河南诚实人实业集团有限公司
6	安阳市	河南省星河油脂有限公司	21		河南神人助粮油有限公司
7	鹤壁市	河南省淇花食用油有限公司	22		商丘市万象面粉有限公司
8	新乡市	河南仙力面业有限公司	23	周口市	周口市老磨坊粮油食品有限公司
9	焦作市	河南天香面业有限公司	24		河南红满天面业有限公司
10		河南斯美特食品有限公司	25		郸城县正星粉业有限公司
11	濮阳市	濮阳训达粮油股份有限公司	26	驻马店市	平舆康博汇鑫油脂有限公司
12		河南红磨坊食品有限公司	27		一加一天然面粉有限公司
13	许昌市	河南豫粮面粉有限公司	28	长垣县	河南志情面业有限责任公司
14	漯河市	河南省雪健实业有限公司	29	永城市	河南华星宫川食品有限公司
15		漯河石磨坊面业有限公司			

附件3

第一批河南放心粮油（主食）产品名单

序号	市、县	产品品牌	产品名称	生产企业
1	郑州市	思念	猪肉香菇灌汤水饺	郑州思念食品有限公司
2		思念	至臻虾皇饺	
3		思念	黑芝麻汤圆	
4		思念	彩玉八宝玉汤圆	
5		爱厨	压榨一级花生油	河南爱厨植物油有限公司
6		爱厨	芝麻香油	
7		谷妈咪	钙铁锌面（挂面）	郑州万家食品有限公司
8		博大	绿豆挂面	博大面业集团有限公司
9		博大	大豆纤维面	
10		博大	荞麦挂面	
11		博大	鸡蛋挂面	
12		多福多	小麦粉馒头	河南兴泰科技实业有限公司
13	开封市	汴之星	高级特精粉	开封江南面粉有限公司
14		杜良	杜良大米（黄金晴）	河南开元米业有限责任公司
15	洛阳市	鸿磊	鸿磊挂面	洛阳鸿磊面业有限公司
16		豫皇	豫皇挂面	河南省偃师市面粉厂
17		锦锄	挂面（原味面）	宜阳锦粮面业有限公司
18		盛美	盛隆挂面（阳春面）	洛阳盛隆实业总公司
19	安阳市	星河	压榨一级花生油	河南省星河油脂有限公司
20	鹤壁市	淇花	压榨一级花生油	河南省淇花食用油有限公司
21	新乡市	仙力	阳春挂面	河南仙力面业有限公司
22		尚品华厨	SG 初榨花生油	河南亮健科技有限公司
23		华豫	压榨一级花生油	河南省华豫油脂有限公司
24	焦作市	麦乡	雪花粉	河南天香面业有限公司
25		麦乡	铁棍山药挂面	
26		思圆	特精粉	河南斯美特食品有限公司

续表

序号	市、县	产品品牌	产品名称	生产企业
27	濮阳市	训达	压榨一级花生油	濮阳训达粮油股份有限公司
28		红磨坊	普通土司	河南红磨坊食品有限公司
29		红磨坊	桃酥	
30		红磨坊	手工老面馒头	
31		豫粮	面包粉 6000	豫粮集团濮阳专用面粉有限公司
32		豫粮	面包粉 8000	
33		豫粮	面包粉 9000	
34		豫粮	蛋糕粉	
35		豫粮	低筋小麦粉	
36	许昌市	首山	高筋小麦粉	河南豫粮面粉有限公司
37		首山	超精小麦粉	
38	漯河市	雪健	麦芯龙须面	河南省雪健实业有限公司
39		义兴坊	特级精粉	漯河石磨坊面业有限公司
40		欣汇	超级雪花粉	漯河市新汇生物科技有限公司
41	三门峡市	三味奇	芝麻桃酥	河南三味奇食品有限公司
42		三味奇	超绵吐司	
43	南阳市	想念	麦胚鸡蛋风味挂面	想念食品股份有限公司
44		想念	麦胚香菇风味挂面	
45		想念	麦胚柳叶挂面	
46		想念	麦胚龙须挂面	
47		吉祥结	压榨一级花生油	南阳市瑞丰粮油有限公司
48		吉祥结	小磨香油	
49		白硕	刀削面挂面	河南白硕面业有限公司
50		益盛美	纯小磨香油	南阳一滴香油脂食品有限公司
51		鸿四方	油炸型方便面（干红椒爆酥鸡）	南阳鸿四方食品有限公司
52		恒雪	5U 担担挂面	河南省云阳恒雪实业有限公司
53	商丘市	诚实人	高筋原味面	河南诚实人实业集团有限公司
54		神人助	高级特精粉	河南神人助粮油有限公司
55		万象	特精粉	商丘市万象面粉有限公司
56		豫金亮	特一粉	商丘市金亮粉业有限公司
57	信阳市	天山承伟	天山香米	罗山县天山粮贸有限公司
58		息县坡	美尔西蛋糕粉（低筋小麦粉）	息县宏升粮食制品有限责任公司
59		黄国粮业	大米（糯米）	河南黄国粮业股份有限公司

续表

序号	市、县	产品品牌	产品名称	生产企业
60	周口市	李家	天然小磨香油	周口市老磨坊粮油食品有限公司
61		福运多	面条通用粉	河南红满天面业有限公司
62		正星	馒头粉（中筋小麦粉）	郸城县正星粉业有限公司
63	驻马店市	阿诚	芝麻香油	平舆康博汇鑫油脂有限公司
64		一加一	劲劲天然高筋面粉（高筋小麦粉）	一加一天然面粉有限公司
65		众粮	超级特精粉	河南省大众粮油食品有限公司
66	兰考县	全兴	精制小麦粉（馒头粉）	兰考县神人助粮油有限公司
67		全兴	精制小麦粉（面条粉）	
68	汝州市	梦想	葱油蔬菜饼	河南梦想食品有限公司
69	滑县	利生	麦芯雪花粉	河南利生面业有限公司
70	长垣县	志情缘	高筋小麦粉	河南志情面业有限责任公司
71	邓州市	久友	小麦粉（特精粉）	邓州市久友面粉有限公司
72		久友	普通挂面	
73	永城市	华星宫川	手擀面	河南华星宫川食品有限公司
74	新蔡县	吧得康	优质中筋小麦粉	河南吧得食品集团有限公司

附件4

第一批河南放心粮油(主食)加工企业名单

序号	市、县	企业名称	序号	市、县	企业名称
1	郑州市	郑州思念食品有限公司	22	许昌市	河南豫粮面粉有限公司
2	郑州市	河南爱厨植物油有限公司	23	漯河市	河南省雪健实业有限公司
3	郑州市	郑州万家食品有限公司	24	漯河市	漯河石磨坊面业有限公司
4	郑州市	博大面业集团有限公司	25	漯河市	漯河市新汇生物科技有限公司
5	郑州市	河南兴泰科技实业有限公司	26	三门峡市	河南三味奇食品有限公司
6	开封市	开封江南面粉有限公司	27	南阳市	南阳市想念食品股份有限公司
7	开封市	河南开元米业有限责任公司	28	南阳市	南阳市瑞丰粮油有限公司
8	洛阳市	洛阳鸿磊面业有限公司	29	南阳市	河南白硕面业有限公司
9	洛阳市	河南省偃师市面粉厂	30	南阳市	南阳一滴香油脂食品有限公司
10	洛阳市	宜阳锦粮面业有限公司	31	南阳市	南阳鸿四方食品有限公司
11	洛阳市	洛阳盛隆实业总公司	32	南阳市	河南省云阳恒雪实业有限公司
12	安阳市	河南省星河油脂有限公司	33	商丘市	河南诚实人实业集团有限公司
13	鹤壁市	河南省淇花食用油有限公司	34	商丘市	河南神人助粮油有限公司
14	新乡市	河南仙力面业有限公司	35	商丘市	商丘市万象面粉有限公司
15	新乡市	河南亮健科技有限公司	36	商丘市	商丘市金亮粉业有限公司
16	新乡市	河南省华豫油脂有限公司	37	信阳市	罗山县天山粮贸有限公司
17	焦作市	河南天香面业有限公司	38	信阳市	息县宏升粮食制品有限责任公司
18	焦作市	河南斯美特食品有限公司	39	信阳市	河南黄国粮业股份有限公司
19	濮阳市	濮阳训达粮油股份有限公司	40	周口市	周口市老磨坊粮油食品有限公司
20	濮阳市	河南红磨坊食品有限公司	41	周口市	河南红满天面业有限公司
21	濮阳市	豫粮集团濮阳专用面粉有限公司	42	周口市	郸城县正星粉业有限公司

续表

序号	市、县	企业名称	序号	市、县	企业名称
43	驻马店市	平舆康博汇鑫油脂有限公司	48	滑县	河南利生面业有限公司
44		一加一天然面粉有限公司	49	长垣县	河南志情面业有限责任公司
45		河南省大众粮油食品有限公司	50	邓州市	邓州市久友面粉有限公司
46	兰考县	兰考县神人助粮油有限公司	51	永城市	河南华星宫川食品有限公司
47	汝州市	河南梦想食品有限公司	52	新蔡县	河南吧得食品集团有限公司

下达2017年度河南省实施“中国好粮油”行动计划有关名单

根据《河南省粮食局　河南省财政厅关于印发“优质粮食工程”实施方案的通知》（豫粮〔2017〕7号）和《河南省粮食局　河南省财政厅关于印发河南省2017～2018年度“中国好粮油”行动计划申报指南的通知》（豫粮文〔2017〕215号）有关精神，市县粮食、财政部门和省直企业按要求积极申报，省粮食局和省财政厅组织专家对申报项目进行评审，并将项目评审结果对全社会进行了公示。结合专家评审意见和公示情况，经研究，现将2017年度河南省实施“中国好粮油”行动计划示范县、省级示范企业和低温成品粮“公共库”示范项目名单印发给你们。请按国家和省有关要求，抓紧做好“中国好粮油”行动计划实施工作，确保各项目标任务按期完成。

一、示范县及各县示范企业名单

安阳市内黄县：河南省星河油脂有限公司
鹤壁市浚县：河南中鹤纯净粉业有限公司
新乡市延津县：延津县克明面业有限公司
漯河市临颍县：河南省南街村（集团）有限公司
南阳市宛城区：南阳市瑞丰油脂有限公司
　　　　　　　河南白硕面业有限公司
商丘市虞城县：虞城县春发食品有限公司
　　　　　　　虞城县兴旺食品有限公司
信阳市淮滨县：淮滨县金豫南面粉有限责任公司
　　　　　　　河南富贵食品有限公司
滑县：河南利生面业有限公司
永城市：河南华星粉业股份有限公司
　　　　河南永新面粉股份有限公司

二、省级示范企业名单

河南省豫粮粮食集团有限公司
河南省大程粮油集团股份有限公司

三、低温成品粮“公共库”示范项目名单

河南世通食品有限公司低温成品粮“公共库”项目

2017～2018 年度河南省好（放心）粮油（主食）加工企业补助资金申报指南

为加快实施“中国好粮油”行动计划，切实做好河南省好（放心）粮油（主食）加工企业补助资金申报工作，根据《国家粮食局　财政部关于印发“优质粮食工程”实施方案的通知》（国粮财〔2017〕180 号）和《河南省粮食局　河南省财政厅关于印发“优质粮食工程”实施方案的通知》（豫粮〔2017〕7 号）精神，特制定本申报指南。

一、申报范围

经省粮食局认定的第一批河南省好粮油（主食）、河南省放心粮油（主食）加工企业。

二、资金支持方向

河南好粮油（主食）、河南放心粮油（主食）加工企业补助资金，主要支持 2017 年 1 月 1 日至 2017 年 12 月 31 日期间的企业经营活动：

1. 对采购优质原料流动资金的银行贷款进行贴息；

2. 对扩大优质粮油产品生产的技术改造投资、研发中心建设等银行贷款进行贴息；

3. 对建设“好（放心）粮油（主食）配送中心”银行贷款进行贴息；

4. 对建设“好（放心）粮油（主食）便民店（超市）”银行贷款进行贴息；

5. 对购置生产设备或检化验设备的予以适当补助。

三、申报程序

1. 企业提出申请

符合条件的企业编写申报材料，向县级粮食、财政部门提出申请。

申报材料包括：企业申请资金情况表、企业基本概况、截至 2017 年 12

月底的企业经营情况（包括企业资产规模、员工总数、主要业务范围、营业收入、净利润等）、企业与银行签订的贷款合同、借据和付息凭证复印件等、企业与设备供应商签订的购买合同、付款凭证、设备购置发票复印件及设备照片等、营业执照复印件、银行信用等级评定证明、上年度会计师事务所出具的年度财务审计报告、企业对上报所有资料真实性的承诺。

2. 逐级审核

各市、县粮食局和财政局，要严格审核把关企业申报材料。企业申请材料经县级粮食、财政部门共同审核后，联合行文上报省辖市粮食、财政部门；省辖市粮食、财政部门审定核实材料后汇总，于6月4日前正式行文连同企业申报材料等一并报送省粮食局、省财政厅各2份。

3. 组织评审

省粮食局、省财政厅将组织专家对企业申报材料进行评审，评审结果公示无异议后，按程序拨付补助资金。

四、有关要求

1. 单个企业只能申报贷款贴息或购置设备补助中的一项，且申报补助资金总额不得超过400万元，贷款利息按中国人民银行公布的同期人民币贷款基准利率计算，购置设备资金补助以购置设备的发票日期和金额为准。

2. 同一年度内，凡省财政资金支持过（包括已申报了财政补助和财政贴息）的同一企业，不得重复申报贷款利息或购置设备补助。省级示范企业及其子公司、与示范县签订建设协议的示范企业及其子公司本次不再申报。

3. 各地各单位务必实事求是，严禁弄虚作假。对弄虚作假的地区和企业，一经查实，除收回补助资金外，对涉及违纪违规违法的人员，将移交相关部门严肃处理。

附件：1. 河南好（放心）粮油（主食）加工企业补助资金申报情况汇总表（粮食、财政部门使用）

2. 河南好（放心）粮油（主食）加工企业补助资金申请情况表（企业使用）

3. 河南好（放心）粮油（主食）加工企业补助资金申报材料编制格式

附件 1

河南好(放心)粮油(主食)加工企业补助资金申报情况汇总表

填报单位:__________市(县)粮食局、财政局

序号	企业名称	企业地址	企业性质	银行贷款总额(万元)	支付利息总额(万元)	申请财政贴息总额(万元)	购置设备总额(万元)	申请补助资金合计(万元)
1								
2								
3								
4								
5								
6								
7								
…								

备注:1. 企业性质是指国有、国有控股、国有参股、民营、合资、外资企业等;

2. 单个企业只能申报贷款利息或购置设备等两项补助中的一项,且申报补助资金总额不得超过400万元。

附件2

河南好（放心）粮油（主食）加工企业补助资金申请情况表

<table>
<tr><td rowspan="5">企业信息</td><td>企业名称</td><td colspan="5"></td></tr>
<tr><td>企业地址</td><td colspan="5"></td></tr>
<tr><td>企业所有制性质</td><td colspan="2"></td><td colspan="2">信用等级</td><td></td></tr>
<tr><td>企业资产（万元）</td><td colspan="2"></td><td colspan="2">年业务收入（万元）</td><td></td></tr>
<tr><td>年利润总额（万元）</td><td colspan="2"></td><td colspan="2">资产负债率（%）</td><td></td></tr>
<tr><td>申请设备购置补助信息</td><td>设备购置总额（万元）</td><td colspan="2"></td><td colspan="2">申请补助资金（万元）</td><td></td></tr>
<tr><td rowspan="6">申请贴息资金信息</td><td>贷款总额（万元）</td><td></td><td>支付利息总额（万元）</td><td></td><td>申请财政贴息金额（万元）</td><td></td></tr>
<tr><td rowspan="5">贷款资金用途</td><td colspan="3">项目内容</td><td>贷款资金（万元）</td><td>支付利息（万元）</td></tr>
<tr><td colspan="3"></td><td></td><td></td></tr>
<tr><td colspan="3"></td><td></td><td></td></tr>
<tr><td colspan="3"></td><td></td><td></td></tr>
<tr><td colspan="3"></td><td></td><td></td></tr>
<tr><td>县级粮食部门审核意见</td><td colspan="2">（盖章）
年 月 日</td><td>县级财政部门审核意见</td><td colspan="3">（盖章）
年 月 日</td></tr>
<tr><td>省辖市粮食局审核意见</td><td colspan="2">（盖章）
年 月 日</td><td>省辖市财政局审核意见</td><td colspan="3">（盖章）
年 月 日</td></tr>
</table>

附件3

河南好（放心）粮油（主食）加工企业补助资金申报材料编制格式

第一部分 申请表

企业申请资金情况表（附件2）

第二部分 基本情况

企业基本情况

第三部分 贴息依据

企业与银行签订的贷款合同、借据和付息凭证复印件

第四部分 补助依据

企业与设备供应商签订的购买合同、付款凭证、购置发票复印件及设备照片

第五部分 证明材料

一、营业执照、生产许可证等相关证件

二、现场核查报告

三、三年内无违法违规记录证明

四、上年度财务审计报告

五、其他证明材料

六、材料真实性承诺

备注：现场核查报告由地方粮食、财政部门现场核查后出具。

遴选第二批“好粮油”系列产品暨加工企业

为认真组织实施“中国好粮油”行动计划，根据《河南省粮食局　河南省财政厅关于印发“优质粮食工程”实施方案的通知》（豫粮〔2017〕7号）精神，省粮食局决定在全省范围内遴选第二批“好粮油”系列产品暨加工企业。

一、遴选范围

此次遴选的“好粮油”系列产品包含河南好粮油（主食）和河南放心粮油（主食）两个类别，“好粮油”加工企业包含河南省好粮油（主食）加工企业和河南省放心粮油（产品）加工企业两个类别。

“好粮油”系列产品遴选范围主要包括：小麦粉、大米、馒头（包括手抓饼类）、挂面、方便面、方便鲜湿面、饼干、糕点、面包、速冻饺子、速冻汤圆、花生油、芝麻油。“好粮油”加工企业遴选范围为生产以上产品的加工企业。

二、遴选条件

遴选产品及企业条件参照《河南省粮食局　河南省财政厅关于印发河南省2017~2018年度“中国好粮油”行动计划申报指南的通知》（豫粮文〔2017〕215号）和《河南省粮食局办公室关于“河南好粮油（主食）”“河南放心粮油（主食）”遴选条件的通知》（豫粮办〔2017〕207号）规定执行。企业根据此次发布的产品检验指标目录（详见检验情况汇总表），进行样品检验，取得第三方检验机构出具的检验报告后进行申报。

三、遴选程序

1. 提出申请

各省辖市、省直管县（市）粮食局根据分配企业名额控制数（见附表1）和相关要求，确定拟推荐企业。拟推荐企业本着“自愿参与、一品一报”的原则，根据企业实际情况，提前到有资质、规模较大的检验检测机构，按照申请“好粮油”系列称号类别，对照《河南省粮食局办公室关于“河南好粮油（主食）”“河南放心粮油（主食）”遴选条件的通知》（豫粮办〔2017〕207号）要求，进行样品检验。申报企业取得第三方检验检测机构出具的检验报告后，编制申报材料，向当地粮食行政主管部门提出正式申请。申报材料中要明确“好粮油”系列产品申报类型，填写“好粮油”产品申报信息表（详见附件3）。此次“好粮油”系列产品申报包括“河南好粮油（主食）”和“河南放心粮油（主食）”两个类别，单个产品可同时申报两个称号，也可只申报“河南放心粮油（主食）”，但不得直接申报“河南好粮油（主食）”；而获得第一批“河南放心粮油（主食）”称号的产品（见豫粮文〔2018〕36号），这次可直接申报“河南好粮油（主食）”产品。同时，获得此次“河南放心粮油（主食）”产品称号的企业，将自动认定为“河南放心粮油（主食）加工企业”；获得“河南好粮油（主食）”产品称号的企业，将自动认定为“河南好粮油（主食）加工企业”。

2. 逐级审核

各市、县粮食局，要严格审核把关企业申报材料，在企业填写的“好粮油”产品申报信息表中盖章，对材料真实性负责。企业申请材料经县级粮食部门初审后，上报省辖市粮食部门；省辖市粮食部门审定核实材料后汇总，并按附件1规定的名额控制数要求，于7月10日前正式行文推荐，并将申请材料一并报送省粮食局2份（省直管县（市）粮食局审核汇总后直接报送至省粮食局）。

3. 组织评审

省粮食局组织专家对照评分细则，对申报企业申报材料进行审核、打分，根据得分情况确定“河南放心粮油（主食）”产品，同时认定该企业为“河南省放心粮油（主食）加工企业”。在“河南放心粮油（主食）”上榜产品中，对同时申报“河南好粮油（主食）”称号的产品，根据专家审核、打分情况，确定“河南好粮油（主食）”产品，同时认定该企业为“河南省好粮油（主食）加工企业”。

附件：1. “好粮油”系列产品暨加工企业申报名额控制分配表
2. “好粮油”系列产品暨加工企业信息汇总表（粮食部门使用）
3. “好粮油”系列产品暨加工企业申报情况表（申报企业使用）
4. “好粮油”系列产品暨加工企业申报材料编制格式

附件 1

“好粮油”系列产品暨加工企业申报名额控制分配表

市、县	申报控制名额数	备注	市、县	申报控制名额数	备注
郑州市	5+2	含省直企业	信阳市	5	
开封市	4		周口市	5	
洛阳市	4		驻马店市	5	
平顶山市	2		济源市	1	
安阳市	4		巩义市	1	
鹤壁市	2		兰考县	1	
新乡市	4+1	含省直企业	汝州市	1	
焦作市	4		滑县	1	
濮阳市	3+2	含省直企业	长垣县	1	
许昌市	3+1	含省直企业	邓州市	1	
漯河市	4		永城市	2	全国面粉食品产业健康发展试点
三门峡市	2		固始县	1	
南阳市	6		鹿邑县	1	
商丘市	5		新蔡县	1	
合计	85				

说明：各省辖市申报名额控制数以其所辖县（市、区）数和粮油加工企业分布数为依据确定。永城是中央农办确定的全国面粉食品产业健康发展试点，可多申报 1 个。省直企业按属地原则，纳入到所在的省辖市进行数量控制。

附件2

“好粮油”系列产品暨加工企业信息汇总表

填报单位:__________市(县)粮食局

序号	企业基本信息			申报产品信息					遴选推荐意见
	企业名称	企业性质	企业地址	产品名称	规格	包装形式	品牌	申报“好粮油”类别	

联系人:　　　　　　　　　　联系电话:

附件3

“好粮油”系列产品暨加工企业申报情况表

申报类型：

<table>
<tr><td rowspan="6">企业信息</td><td>企业名称</td><td></td><td>信用等级</td><td></td></tr>
<tr><td>年加工能力（万吨/年）</td><td></td><td>年销售额（万元）</td><td></td></tr>
<tr><td>年总产值（万元）</td><td></td><td>主营业务收入（万元）</td><td></td></tr>
<tr><td>年利润总额（万元）</td><td></td><td>资产负债率（%）</td><td></td></tr>
<tr><td>品牌名称</td><td></td><td>商标类型</td><td></td></tr>
<tr><td>主营产品</td><td></td><td>生产过程管理认证</td><td></td></tr>
<tr><td rowspan="4">产品信息</td><td>产品名称</td><td></td><td>产品加工量（万吨/年）</td><td></td></tr>
<tr><td>原粮品种</td><td></td><td>品质指标检验情况</td><td></td></tr>
<tr><td>安全指数检验情况</td><td></td><td>营养成分检验情况</td><td></td></tr>
<tr><td>近三年抽检情况</td><td></td><td>其他荣誉</td><td></td></tr>
<tr><td>县级粮食局
审核意见</td><td colspan="2">（盖章）</td><td>省辖市粮食局
审核意见</td><td>（盖章）</td></tr>
</table>

注：1. 申报类型：河南好粮油（主食）、河南放心粮油（主食）；

2. 商标类型：驰名商标、著名商标、知名商标、商标、中华老字号；

3. 生产过程控制认证：ISO9001 质量管理体系、危害分析与临界控制点认证（HACCP）、卫生标准操作规范认证（SSOP）、良好生产规范认证（GMP）、中国良好农业规范认证（China GAP）、其他或者没有认证（具体注明）；

4. 其他荣誉：无公害产品认证、绿色产品认证、有机产品认证等。

附件 4

“好粮油”系列产品暨加工企业申报材料编制格式

第一部分 申请情况表（附件 3 表格）

第二部分 企业基本情况介绍（限 500 字，可以有图片信息）

第三部分 产品检验情况汇总表（请使用豫粮办〔2017〕207 号附件 2 表格）

第四部门 产品检验检测报告

第五部分 证明材料（均为复印件）

一、企业法人营业执照

二、食品生产许可证

三、近三年度企业审计报告

四、由企业基本账户开户银行出具的企业信用等级证明

五、ISO9000 族或 HACCP 管理体系、原产地、绿色食品等认证证书

六、产品简介及包装图片（包括正面、反面，图片尺寸为 800 × 800）。

七、荣誉证书

八、其他相关证明材料

公布第二批“好粮油”系列产品暨加工企业名单

为认真实施“中国好粮油”行动计划，提升绿色优质粮油产品的供给水平，促进粮油供给从“吃得饱”到“吃得好”的转变，不断满足人民日益增长的美好生活需要，根据《国家粮食局　财政部关于印发“优质粮食工程”实施方案的通知》(国粮财〔2017〕180 号)、《河南省粮食局　河南省财政厅关于印发“优质粮食工程”实施方案的通知》（豫粮〔2017〕7 号)、《河南省粮食局　河南省财政厅关于印发河南省 2017 ~ 2018 年度“中国好粮油”行动计划申报指南的通知》(豫粮文〔2017〕215 号）和《河南省粮食局办公室关于遴选第二批“好粮油”系列产品暨加工企业的通知》(豫粮文〔2018〕85 号）精神，经全省各级粮食部门层层申报、审核、筛选、把关、推荐等，省粮食局按程序抽取并组织专家评审，并将评审结果进行了公示，公示期间未收到任何单位或个人有异议的反馈。经研究，决定将第二批河南好（放心）粮油（主食）产品暨河南好（放心）粮油（主食）加工企业名单等予以公布（见附件)，并将有关事项通知如下：

一、“好粮油”系列产品及加工企业实行动态管理，称号自发文日期起，有效期三年。省局每年对相关产品进行 1 ~ 2 次全覆盖的检测，对检测不合格的，撤销相关产品及加工企业称号。

二、各相关企业要进一步加大优质粮油新产品研发力度，不断提升产品品质，调优产品结构，强化品牌宣传，扩大企业影响力，增强市场竞争力，力争早日成长为规模大、实力强、技术装备先进、有核心竞争力、行业带动力强的大型粮油企业集团。

三、各地粮食部门以及有关省直粮油企业要加强对企业的指导服务，引导企业规范使用产品及企业称号，支持企业做大做强，并充分发挥被认定企业的示范带动作用，辐射带动全省粮食产业经济发展。

附件：1. 第二批河南好粮油（主食）产品名单
　　　2. 第二批河南好粮油（主食）加工企业名单
　　　3. 第二批河南放心粮油（主食）产品名单
　　　4. 第二批河南放心粮油（主食）加工企业名单

附件 1

第二批河南好粮油（主食）产品名单

序号	市、县	产品品牌	产品名称	生产企业
1	郑州市	三全	状元荠菜猪肉水饺	三全食品股份有限公司
2	郑州市	三全	炫彩小汤圆四合一组合装（黑芝麻、花生、紫薯、抹茶）	三全食品股份有限公司
3	开封市	天源	馒头用小麦粉（馒头王）	开封市天源面业有限公司
4	开封市	金杞	高筋特精粉	开封市家家福面粉有限公司
5	平顶山市	创大	刀削面	河南创大粮食加工有限公司
6	平顶山市	创大	龙须面	河南创大粮食加工有限公司
7	新乡市	尚品华厨	SG 初榨花生油	河南亮健科技有限公司
8	濮阳市	伍钰泉	军供特制一等小麦粉	濮阳市伍钰泉面业集团有限公司
9	漯河市	南街村	南街村鲜拌面（酱爆排骨味）	河南南德食品有限公司
10	漯河市	喜盈盈	小公举牛奶味涂饰蛋糕	漯河联泰食品有限公司
11	商丘市	神农助	高筋雪花粉	商丘双龙粉业有限公司
12	信阳市	淮河	淮河小麦粉	河南友利粮业股份有限公司
13	周口市	六月春	高筋小麦粉	河南莲花面粉有限公司
14	周口市	陈霸	新一代小麦粉	河南辉华食品科技有限公司
15	周口市	信天下	高筋小麦粉	周口市雪荣面粉有限公司
16	驻马店市	勤生	勤生原麦粉	河南省大程粮油集团股份有限公司
17	驻马店市	勤生	勤生高筋粉	河南省大程粮油集团股份有限公司
18	驻马店市	豫花	豫花刀削挂面	河南省大程粮油集团股份有限公司
19	驻马店市	豫花	豫花荞麦挂面	河南省大程粮油集团股份有限公司
20	驻马店市	久久	家庭用原味粉	河南久久农业科技股份有限公司
21	驻马店市	维维	压榨一级花生油	维维粮油（正阳）有限公司
22	兰考县	全兴	精制馒头用小麦粉	兰考县神人助粮油有限公司
23	滑县	华健	特制一等馒头粉	河南省福乐道口面业有限公司
24	长垣县	李小勇	小磨香油（芝麻香油）	长垣县李小勇香油调味品有限公司
25	长垣县	李小勇	纯花生油	长垣县李小勇香油调味品有限公司
26	永城市	永诚华冠	六星超精小麦粉	永城市华冠面粉有限公司
27	新蔡县	尚康	尚康小麦粉	河南麦佳食品有限公司

附件2

第二批河南好粮油（主食）加工企业名单

序号	市、县	企业名称
1	郑州市	三全食品股份有限公司
2	开封市	开封市天源面业有限公司
3		开封市家家福面粉有限公司
4	平顶山市	河南创大粮食加工有限公司
5	新乡市	河南亮健科技有限公司
6	濮阳市	濮阳市伍钰泉面业集团有限公司
7	漯河市	河南南德食品有限公司
8		漯河联泰食品有限公司
9	商丘市	商丘双龙粉业有限公司
10	信阳市	河南友利粮业股份有限公司
11	周口市	河南莲花面粉有限公司
12		河南辉华食品科技有限公司
13		周口市雪荣面粉有限公司
14	驻马店市	河南省大程粮油集团股份有限公司
15		河南久久农业科技股份有限公司
16		维维粮油（正阳）有限公司
17	兰考县	兰考县神人助粮油有限公司
18	滑县	河南省福乐道口面业有限公司
19	长垣县	长垣县李小勇香油调味品有限公司
20	永城市	永城市华冠面粉有限公司
21	新蔡县	河南麦佳食品有限公司

附件3

第二批河南放心粮油（主食）产品名单

序号	市、县	产品品牌	产品名称	生产企业
1	郑州市	三全	状元荠菜猪肉水饺	三全食品股份有限公司
2		三全	炫彩小汤圆四合一组合装（黑芝麻、花生、紫薯、抹茶）	
3	开封市	天源	馒头用小麦粉（馒头王）	开封市天源面业有限公司
4		金杞	高筋特精粉	开封市家家福面粉有限公司
5		强丰	馒头专用粉	河南省金穗面业有限公司
6	洛阳市	全福食品	牡丹鲜花饼	洛阳市全福食品有限公司
7		品百香	品百香营养面	洛阳市百香面业有限公司
8	平顶山市	创大	刀削面	河南创大粮食加工有限公司
9		创大	龙须面	
10	新乡市	喜世	手抓饼（葱香味）	河南喜世食品有限公司
11		驰龙	银龙原味粉	辉县市银龙专用粉食品有限公司
12		尚品华厨	SG 初榨花生油	河南亮健科技有限公司
13	濮阳市	伍钰泉	军供特制一等小麦粉	濮阳市伍钰泉面业集团有限公司
14		予良	予良高级面包粉	豫粮集团濮阳专用面粉有限公司
15		予良	予良高级蛋糕粉	
16	漯河市	南街村	南街村鲜拌面（酱爆排骨味）	河南南德食品有限公司
17		舞莲	馒头专用小麦粉	舞阳县舞莲面粉有限责任公司
18		喜盈盈	小公举牛奶味涂饰蛋糕	漯河联泰食品有限公司
19	南阳市	想念	特一小麦粉	想念食品股份有限公司
20		想念	多用途小麦粉	
21		宛金汇	宛金汇好日子籼米	桐柏县金汇米业有限公司
22		德又德	传统老面馒头	南阳德又德食品有限公司
23	商丘市	年年如意	特精小麦粉	柘城县如意面业有限公司
24		庄周梦蝶	超级特精粉	民权县庄周面粉有限公司
25		神农助	高筋雪花粉	商丘双龙粉业有限公司
27	信阳市	淮河	淮河小麦粉	河南友利粮业股份有限公司
28	周口市	六月春	高筋小麦粉	河南莲花面粉有限公司
29		陈霸	新一代小麦粉	河南辉华食品科技有限公司
30		信天下	高筋小麦粉	周口市雪荣面粉有限公司

续表

序号	市、县	产品品牌	产品名称	生产企业
31	驻马店市	勤生	勤生原麦粉	河南省大程粮油集团股份有限公司
32		勤生	勤生高筋粉	
33		豫花	豫花刀削挂面	
34		豫花	豫花荞麦挂面	
35		芝心坊	芝麻香油	河南正康粮油有限公司
36		久久	家庭用原味粉	河南久久农业科技股份有限公司
37		维维	压榨一级花生油	维维粮油（正阳）有限公司
38		今三麦	猪肉大葱水饺	西平今三麦食品有限公司
39	滑县	华健	特制一等馒头粉	河南省福乐道口面业有限公司
40	长垣县	李小勇	小磨香油（芝麻香油）	长垣县李小勇香油调味品有限公司
41		李小勇	纯花生油	
42	永城市	永诚华冠	六星超精小麦粉	永城市华冠面粉有限公司
43		鹤都	速冻饺子粉	中粉（河南）面粉有限公司
44	新蔡县	尚康	尚康小麦粉	河南麦佳食品有限公司

附件4

第二批河南放心粮油（主食）加工企业名单

序号	市、县	企业名称
1	郑州市	三全食品股份有限公司
2	开封市	开封市天源面业有限公司
3		开封市家家福面粉有限公司
4		河南省金穗面业有限公司
5	洛阳市	洛阳市全福食品有限公司
6		洛阳市百香面业有限公司
7	平顶山市	河南创大粮食加工有限公司
8	新乡市	河南喜世食品有限公司
9		辉县市银龙专用粉食品有限公司
10		河南亮健科技有限公司
11	濮阳市	濮阳市伍钰泉面业集团有限公司
12		豫粮集团濮阳专用面粉有限公司
13	漯河市	河南南德食品有限公司
14		舞阳县舞莲面粉有限责任公司
15		漯河联泰食品有限公司
16	南阳市	想念食品股份有限公司
17		桐柏县金汇米业有限公司
18		南阳德又德食品有限公司
19	商丘市	柘城县如意面业有限公司
20		民权县庄周面粉有限公司
21		商丘双龙粉业有限公司
22	信阳市	河南友利粮业股份有限公司
23	周口市	河南莲花面粉有限公司
24		河南辉华食品科技有限公司
25		周口市雪荣面粉有限公司
26	驻马店市	河南省大程粮油集团股份有限公司
27		河南正康粮油有限公司
28		河南久久农业科技股份有限公司
29		维维粮油（正阳）有限公司
30		西平今三麦食品有限公司
31	滑县	河南省福乐道口面业有限公司
32	长垣县	长垣县李小勇香油调味品有限公司
33	永城市	永城市华冠面粉有限公司
34		中粉（河南）面粉有限公司
35	新蔡县	河南麦佳食品有限公司

公布“河南好粮油（主食）”“河南放心粮油（主食）”标识

为深入推进“中国好粮油”行动计划，提升我省粮油品牌知名度，扩大“河南好粮油（主食）”“河南放心粮油（主食）”企业和产品影响力，省局通过向社会公开征集的方式，并经广泛征求意见，最终确定“河南好粮油（主食）”“河南放心粮油（主食）”标识（LOGO），现将标识样式印发，并提出以下要求，请各地各部门严格按照本通知要求规范使用相关标识。

已获得省粮食局认定的“河南好粮油（主食）”“河南放心粮油（主食）”产品和企业称号的，在相关称号有效期内（自省局发文认定之日起三年内有效），可在获得称号的产品包装上喷涂，也可在企业宣传时使用。各级粮食行政管理部门要指导、规范企业使用标识，严禁企业超范围、超期限使用标识。

“河南好粮油（主食）”“河南放心粮油（主食）”标识的知识产权归河南省粮食局所有，有需要电子图案的，可在省粮食局网站上下载。

附件：河南好粮油（主食）、河南放心粮油（主食）标识

附件

河南好粮油（主食）标识

河南放心粮油（主食）标识

河南省好（放心）粮油（主食）加工企业补助项目评审办法

为切实做好河南省好（放心）粮油（主食）加工企业补助项目评审工作，保证项目评审的公开性、规范性和科学性，根据《国家粮食局　财政部关于印发“优质粮食工程”实施方案的通知》（国粮财〔2017〕180 号）和《河南省粮食局　河南省财政厅关于印发“优质粮食工程”实施方案的通知》（豫粮〔2017〕7 号）要求，特制定本办法。

一、评审原则

河南省好（放心）粮油（主食）加工企业补助项目评审工作坚持公正、公平、择优、扶强原则，通过企业自主申报、市县部门初审、省级部门复审、专家评审、网上公示等程序，确定支持河南省好（放心）粮油（主食）加工企业补助项目。

二、评审程序

（一）材料初审

各县（市、区）粮食局、财政局根据河南省好（放心）粮油（主食）加工企业年度补助资金项目申报指南有关规定和要求，对辖区内企业的申报材料进行初审，将通过初审的企业推荐上报至省辖市粮食局、财政局。省直管县（市）粮食局、财政局将通过初审的企业申报材料直接上报省粮食局、省财政厅。

（二）材料复审

各省辖市粮食局、财政局对辖区内企业申报材料进行复审，不符合要求的予以淘汰，将通过复审的企业推荐上报至省粮食局、省财政厅。

（三）专家评审

省粮食局、省财政厅按照有关规定，从“河南省财政厅专家库”中抽取财务专家 4 名、粮油加工专家 1 名组成评审小组，对各省辖市、直管县

（市）粮食局、财政局推荐的企业申报材料，予以评审。评审小组对照申报指南，提出纳入支持范围的企业名单，并确定规定期限内企业生产经营银行贷款利息总额和相关购置资金总额；不予支持的，列明原因。

（四）网上公示

将评审小组确定纳入财政资金支持范围的企业相关信息在省粮食局网站公示7天。

三、评审纪律

河南省好（放心）粮油（主食）加工企业补助项目评审实行回避制度，各级粮食、财政部门工作人员，以及专家评审组成员对与自己有利害关系的企业应主动提出回避，不得同任何与评审结果有利害关系的人或单位进行私下接触，不得收受申报企业、中介人、其他利害关系人的财物或者其他好处，不得对外透露与评审有关的情况。任何单位和个人不得干扰评审工作。

附件：河南省好（放心）粮油（主食）加工企业补助项目专家评审表

附件

河南省好(放心)粮油(主食)加工企业补助项目专家评审表

申报单位:

申报条件	1. 经省粮食局认定的河南省好粮油(主食)、河南省放心粮油(主食)加工企业	是□否□
	2. 在规定期间内,购置了设备或向银行贷款并实际支付了利息	是□否□
	3. 是否倒闭或停产	是□否□
	4. 省级示范企业及其子公司,不能申报	是□否□
	5. 与示范县签订建设协议的示范企业及其子公司,不能申报	是□否□
	6. 其他需要证明的材料是否齐全	是□否□
申报材料	1. 是否有联合正式申请文件(省直企业为企业行文)	是□否□
	2. 是否有补助资金申请情况表	是□否□
	3. 是否有上年度会计师事务所审计报告	是□否□
	4. 是否有企业基本情况介绍	是□否□
	5. 是否有企业与商业银行签订的贷款合同(复印件)和付息凭证复印件	是□否□
	6. 是否有企业与供货商签订的购置设备合同(复印件)和购置发票复印件	是□否□
	7. 其他需要证明的材料是否齐全	是□否□
评审意见	经评审,该企业符合支持条件,规定期限内银行贷款实际支付利息合计　　元,按照央行基准利率计算,应付利息合计　　元;购置设备资金总额为　　元。 经评审,该企业不符合支持条件,原因是:	

评审专家签字:　　　　评审组长签字:　　　　年　月　日

公布“河南好粮油（主食）”“河南放心粮油（主食）”产品标准及企业条件（补充）

为做好“河南好粮油（主食）”和“河南放心粮油（主食）”等“好粮油”系列产品申报工作，省局组织有关专家，参照“中国好粮油”标准，结合全省实际，补充制定了“河南好粮油（主食）”“河南放心粮油（主食）”之大豆油产品标准暨加工企业遴选条件。

大豆油加工企业应符合《河南省粮食局　河南省财政厅关于印发河南省2017～2018年度“中国好粮油”行动计划申报指南的通知》（豫粮文〔2017〕215号）规定的条件要求，且应按照公布的产品标准及检验目录，到取得CMA或CNAS的资质认定的第三方检验机构进行样品检验，取得检验合格报告后，按照相关文件要求进行申报。

附件：河南好（放心）粮油（主食）之大豆油产品标准及检验目录

附件

河南好（放心）粮油（主食）之大豆油产品标准及检验目录

项目	申报信息	河南好粮油（主食）检验指标要求	河南放心粮油（主食）检验指标要求	备注
1. 基本信息				
产品名称				
配料				
质量等级				
执行标准				
净含量				
原料产地				
原料收获时间				
原油加工日期				
保质期				
贮存条件				
生产日期				
食品生产许可证号				
生产企业				
生产地址				
联系电话				
2. 品质指标				
脂肪酸组成（%）		执行 GB/T 1535	/	
色泽		一级 ≤ Y20 R2.0，采用 133.4 mm 比色槽	一级淡黄色至浅黄色	
气味、滋味		无气味、口感好	无异味、口感好	
透明度		澄清、透明	澄清、透明	
水分及挥发物/（%）		一级≤0.05	一级≤0.10	
不溶性杂质/（%）		≤0.05	≤0.05	
酸价（KOH）/（mg/g）		一级≤0.20	一级≤0.50	

续表

项目	申报信息	河南好粮油（主食）检验指标要求	河南放心粮油（主食）检验指标要求	备注
过氧化值/(mmol/kg)		一级≤5.0	一级≤5.0	
烟点/（℃）		一级≥215	一级≥190	
冷冻试验（0℃储藏5.5h）		一级澄清、透明	一级澄清、透明	
溶剂残留量/(mg/kg)		不得检出	不得检出	
多环芳烃/（μg/kg）		标注实测值	标注实测值	
反式脂肪酸/(%)				
3. 安全指数				
黄曲霉毒素 B1/(ug/kg)		≤10	≤10	
总砷/（mg/kg）		≤0.1	≤0.1	
铅/（mg/kg）		≤0.1	≤0.1	
苯并［a］芘/(ug/kg)		≤10	≤10	
乐果/（mg/kg）		≤0.05	≤0.05	
敌草快/（mg/kg)		≤0.05	≤0.05	
氟吡甲禾灵和高效氟吡甲禾灵/(mg/kg)		≤1	≤1	
腐霉利/（mg/kg)		≤0.5	≤0.5	
氯丹/（mg/kg）		≤0.02	≤0.02	
倍硫磷/（mg/kg)		≤0.01	≤0.01	
氟乐灵/（mg/kg)		≤0.05	≤0.05	
氟硅唑/（mg/kg)		≤0.1	≤0.1	

续表

项目	申报信息	河南好粮油（主食）检验指标要求	河南放心粮油（主食）检验指标要求	备注
七氯/（mg/kg）		≤0.02	≤0.02	
邻苯二甲酸二（α－乙基已酯）（DE－HP）		≤1.5mg/kg	≤1.5mg/kg	
邻苯二甲酸二异壬酯（DINP）		≤9.0mg/kg	≤9.0mg/kg	
邻苯二甲酸二正丁酯（DBP）		≤0.3mg/kg	≤0.3mg/kg	
4. 营养成分				
能量/（kJ）		可选择性测定并标注	可选择性测定并标注	
蛋白质/（g）		可选择性测定并标注	可选择性测定并标注	
脂肪/（g）		可选择性测定并标注	可选择性测定并标注	
ω-3 脂肪酸/（%）		可选择性测定并标注	可选择性测定并标注	
ω-6 脂肪酸/（%）		可选择性测定并标注	可选择性测定并标注	
ω-9 脂肪酸/（%）		可选择性测定并标注	可选择性测定并标注	
碳水化合物/（g）		可选择性测定并标注	可选择性测定并标注	
钠/（mg）		可选择性测定并标注	可选择性测定并标注	
甾醇总量/（mg/100g）		可选择性测定并标注	可选择性测定并标注	
维生素 E 总量/（mg/kg）		可选择性测定并标注	可选择性测定并标注	
角鲨烯/（mg/kg）		可选择性测定并标注	可选择性测定并标注	
多酚/（mg/kg）		可选择性测定并标注	可选择性测定并标注	
其他特征指标		可选择性测定并标注	可选择性测定并标注	

河南省2018年度“中国好粮油”之“示范县”及“省级示范企业”申报指南

为切实做好全省2018年度“中国好粮油”之“示范县”及“省级示范企业”申报工作，根据《河南省粮食局 河南省财政厅关于印发“优质粮食工程”实施方案的通知》（豫粮〔2017〕7号）精神，特制定本指南。

一、示范县申报

（一）申报条件

1. 处于优质粮油优势生产、加工区，具备良好加工环境和发展潜力。

2. 具备较好的粮油规模化种植、加工发展基础和产后服务能力。

3. 具有较好的优质粮油加工、销售和区域公共品牌建设基础。

4. 县（市、区）人民政府高度重视，实施方案目标明确，措施可行，具有可操作性及创新引领作用。

5. 拥有一至若干个大型粮油加工龙头企业及省内外知名品牌。

6. 专项资金使用规范合理，监管科学，措施得力。

7. 2017年度“中国好粮油”行动计划示范县，除个别示范作用明显、带动能力较强的粮油生产、加工大县外，原则上不再申报。

8. 县（市、区）人民政府拟与1~2家大型粮油加工龙头企业签订示范企业建设协议，示范企业条件设置合理，符合资金支持方向，能够实现本地区农民优质粮油种植收益提高20%以上、粮油优质品率提升30%以上等建设目标。

9. 示范企业同时具备以下条件：

（1）近三年企业产品产量、产值、销售额、利税等主要指标在全省同行业位列前茅，具有注册商标和品牌；

（2）企业资产负债率一般应低于60%，有银行贷款的企业，近两年内无不良信用记录；

（3）企业总资产报酬率应高于现行一年期银行贷款基准利率；

（4）产品质量、科技含量、新产品开发能力等，在全省同行业中处于领先水平，或是具有特色生产和营销方式；

（5）管理科学规范，近三年未发生重大质量安全、违法经营事件及安全生产事故；

（6）以基地建设促进优质粮油发展，总体规划可行，目标明确，措施具体，示范带动作用明显，申报资金符合支持方向，能够落实企业自筹资金。

（二）申报类型

“中国好粮油”行动计划示范县分为一类示范县、二类示范县和三类示范县等三种类型。

1. 一类示范县。全县粮油加工业总产值位于全省前列，粮食生产、加工优势明显，优质粮油加工、销售和品牌建设处于全省领先地位。

2. 二类示范县。全县粮食产业经济发展总体情况较好，粮食生产、加工具有一定优势，优质粮油加工、销售和品牌建设处于区域领先地位。

3. 三类示范县。全县粮食产业经济发展具有较强潜力，粮食产量处于全省领先地位，粮油加工业增长速度明显，优质粮食加工、销售和品牌建设发展趋势较好。

（三）申报程序

1. 推荐申报

由符合条件的县（市、区）人民政府自愿提出申请，明确申报类型，编制申报材料，省辖市粮食、财政部门审核、筛选、推荐，并联合正式行文，于11月20日前向省粮食局、省财政厅申报。每个省辖市原则上只能推荐申报一个示范县（市、区）。符合条件的省直管县（市）人民政府直接向省粮食局、省财政厅提出申请。

申报材料包括：

（1）省辖市粮食、财政部门审核、筛选、推荐意见及申报请示；

（2）县（市、区）人民政府正式申请文件、全县基本情况（重点是粮油加工业情况，详见附件1）、实施方案、资金需求、资金用途、推进措施、拟与示范企业签订的建设协议、能够实现本地区农民优质粮油种植收益提高20%以上、粮油优质品率提升30%以上等建设目标的承诺等；

（3）县域示范企业基本概况（详见附件2）、截至2017年底的企业情况（包括企业资产规模、员工总数、基地建设、原料收购、年加工生产能力、日处理原料能力，产品销售区域、网点建设、2017年完成的主要产品产量、工业总产值、销售收入、净利润等信息）、营业执照复印件、生产许可证复印件、银行信用等级评定证明、上年度会计师事务所出具的年度财务审计报告、未来三年企业规划、企业对上报所有资料真实性的承诺、实施方案、资金需求、资金用途、推进措施。

2. 组织评审

省粮食局、省财政厅将规范抽取和联合组织专家对申请好粮油示范县（市、区）进行评审，根据评审情况确定拟支持示范县（市、区）名单和类型。公示无异议后，拨付财政补助资金。

（四）资金用途

示范县专项资金由示范县（市、区）人民政府统筹使用，专项用于优质粮油调查统计、品质测评，优质粮油宣传、销售渠道及公共品牌创建，优质粮油检验、质量控制体系建设、产后科技服务公共平台建设和支持示范企业发展等。支持示范企业发展的资金主要用于以下几个方面：

1. 示范企业按照优质优价原则对优质粮油原料进行市场化收购和产品销售等方面的补助；

2. 示范企业为扩大优质粮油产品生产而开展的技术改造、生产或检化验设备购置、研发中心建设等方面的补助，优质粮油产品研发及科技创新奖补；

3. 示范企业建设“好（放心）粮油（主食）配送中心”补助；

4. 示范企业建设“好（放心）粮油（主食）便民店（超市）”补助；

5. 示范企业开展优质粮油宣传补助；

6. 示范企业建设优质原粮基地补助。

二、省级示范企业申报

（一）申报条件

1. 近三年产品产量、产值、销售额、利税等主要指标在全省同行业位列前十，具有较高知名度的注册商标、全国或一定区域（省、市）的知名品牌；

2. 企业资产负债率一般应低于60%，有银行贷款的企业，近三年内无不良信用记录；

3. 企业的总资产报酬率应高于现行一年期银行贷款基准利率；

4. 产品质量、科技含量、新产品开发能力在同行业中处于领先水平，或是具有特色生产和营销方式的；

5. 管理规范，近三年未发生重大质量安全、违法经营事件及安全生产事故；

6. 以基地建设促进优质粮油发展，总体规划可行，目标明确，措施具体，示范带动作用明显，申报资金符合支持方向，能够落实企业自筹资金。

（二）申报程序

1. 提出申请

符合条件的企业，向地方粮食、财政部门提出补助资金申请，明确两年总体实施方案和分年度实施计划，编写申报材料。

申报材料包括：企业基本概况，截至 2017 年底的企业情况（包括企业资产规模、员工总数、基地建设、原料收购、年加工生产能力、日处理原料能力，产品销售区域、网点建设、2017 年完成的主要产品产量、工业总产值、销售收入、净利润等信息），营业执照复印件，银行信用等级评定证明，上年度会计师事务所出具的年度财务审计报告，未来两年企业规划、实施方案、资金需求、资金用途、推进措施，配套资金承诺，企业对上报所有资料真实性的承诺。

2. 逐级审核

各市、县粮食局和财政局，要严格审核把关企业申报材料。企业申请材料经县级粮食、财政部门共同初选并审核后，联合行文上报省辖市粮食、财政部门；省辖市粮食、财政部门审定核实材料后汇总，于 11 月 20 日前正式行文并将申请材料报省粮食局、省财政厅各 2 份。

3. 组织评审

省粮食局、省财政厅规范抽取和联合组织专家对申报企业进行评审，根据评审情况确定拟支持省级示范企业名单。公示无异议后，拨付财政补助资金。

（三）资金用途

省级示范企业补助资金要执行专账管理，专款专用，主要用于以下几个方面：

1. 按照优质优价原则对优质粮油原料进行市场化收购和产品销售等；

2. 为扩大优质粮油产品生产而开展的技术改造、生产或检化验设备购置、研发中心建设，优质粮油产品研发及科技创新等；

3. 建设好（放心）粮油（主食）配送中心；

4. 建设好（放心）粮油（主食）便民店（超市）；

5. 开展优质粮油宣传；

6. 建设优质原粮基地。

三、申报工作要求

各市、县财政和粮食部门要在地方政府的统一领导下，加强沟通协调，分工负责，扎实做好各环节的工作。各地各单位务必实事求是，严禁弄虚作假，套取财政资金。对弄虚作假的地区和企业，一经查实，除收回补助资金外，对涉及违纪违规违法的人员由相关部门严肃处理。为确保“中国好粮油”行动计划顺利实施，各地各单位要按时报送相关材料，不按时报送的视同自动放弃。

附件：1. 申请示范县（市、区）基本情况表
2. 申请示范企业基本情况表
3. 申请省级示范企业基本申请表
4. 示范县（市、区）申报材料编制格式
5. 示范企业申报材料编制格式
6. 省级示范企业申报材料编制格式

附件 1

申请示范县(市、区)基本情况表

单位：　　　县(市、区)人民政府　　　申报类型：

	种植面积(万亩)	2017年总产量(万吨)	加工能力(万吨/年)	2017年实际加工量(万吨/年)	2017年实现产值(万元)	中央、省财政资金申请额(万元)	自筹资金承诺数(万元)	备注
合计								
一、粮食						—	—	
优质小麦						—	—	
优质稻谷						—	—	
杂粮						—	—	
二、油料						—	—	
花生						—	—	
芝麻						—	—	
其他						—	—	
县(市、区)人民政府申请意见		(盖章) 年　月　日	省辖市粮食局推荐意见		(盖章) 年　月　日	省辖市财政局推荐意见		(盖章) 年　月　日

附件2

申请示范企业基本情况表

填报单位：　　　　县（市、区）人民政府

	企业全称	信用等级	企业资产（万元）	年加工能力（万吨/年）	年销售额（万元）	年总产值（万元）	年利润额（万元）	资产负债率（%）	品牌名称	商标类型	主营产品
示范企业甲											
县级粮食部门意见	（盖章） 年　月　日			县级财政部门意见	（盖章） 年　月　日			县（市、区）人民政府意见	（盖章） 年　月　日		
示范企业乙											
县级粮食部门意见	（盖章） 年　月　日			县级财政部门意见	（盖章） 年　月　日			县（市、区）人民政府意见	（盖章） 年　月　日		

附件3

申请省级示范企业基本申请表

<table>
<tr><td rowspan="8">企业信息</td><td>企业名称</td><td colspan="3"></td></tr>
<tr><td>企业地址</td><td colspan="3"></td></tr>
<tr><td>企业性质</td><td></td><td>企业资产（万元）</td><td></td></tr>
<tr><td>信用等级</td><td></td><td>年加工能力（万吨/年）</td><td></td></tr>
<tr><td>年销售额（万元）</td><td></td><td>年总产值（万元）</td><td></td></tr>
<tr><td>年利润总额（万元）</td><td></td><td>资产负债率（%）</td><td></td></tr>
<tr><td>品牌类型</td><td></td><td>商标类型</td><td></td></tr>
<tr><td>主要产品</td><td colspan="3"></td></tr>
<tr><td>地方粮食部门审核意见</td><td colspan="2">（盖章）</td><td>地方财政部门审核意见</td><td>（盖章）</td></tr>
<tr><td>省辖市粮食局审核意见</td><td colspan="2">（盖章）</td><td>省辖市财政局审核意见</td><td>（盖章）</td></tr>
</table>

附件 4

示范县（市、区）申报材料编制格式

第一部分　申请文件

一、示范县（市、区）人民政府正式申请文件（文件中要明确作出实现本地区农民优质粮油种植收益提高 20% 以上、粮油优质品率提升 30% 以上等建设目标的承诺）

二、省辖市粮食、财政部门联合推荐文件（省直管县除外）

第二部分　基本情况

一、基本情况表（附件 1 表格）

二、基本情况概述

三、粮食生产情况

四、粮油加工业情况

第三部分　实施方案

一、总体目标

二、主要任务

三、实施计划

四、资金需求

五、资金用途

六、推进措施

重点是实现本地区农民优质粮油种植收益提高 20% 以上、粮油优质品率提升 30% 以上等建设目标的措施

第四部分　证明材料

拟与示范企业签订的建设协议书

附件5

示范企业申报材料编制格式

第一部分　申请文件

示范企业申请文件或拟与政府签订的建设协议书

第二部分　基本情况

一、基本情况表（附件2表格）
二、基本情况概述

第三部分　实施方案

一、总体目标
二、主要任务
三、实施计划
四、资金需求
五、资金用途
六、推进措施

第四部门　企业三年发展规划

第五部分　证明材料

一、自筹资金承诺书
二、营业执照、审计报告、生产许可、信用等级等资质材料
三、现场核查报告
四、主要荣誉
五、其他证明材料
六、材料真实性承诺

附件 6

省级示范企业申报材料编制格式

第一部分　申请文件

粮食、财政部门联合推荐文件

第二部分　基本情况

一、基本情况表（附件 3 表格）
二、基本情况概述

第三部分　实施方案

一、总体目标
二、主要任务
三、实施计划
四、资金需求
五、资金用途
六、推进措施

第四部门　企业两年发展规划

第五部分　证明材料

一、自筹资金承诺书
二、营业执照、审计报告、生产许可、信用等级等资质材料
三、现场核查报告
四、主要荣誉
五、其他证明材料
六、材料真实性承诺

河南省2018年度“中国好粮油”之“示范县”及“省级示范企业”申报工作（补充）要求

为切实做好全省2018年度“中国好粮油”之“示范县”及“省级示范企业”申报工作，根据《财政部　粮食和储备局关于完善“优质粮食工程”三年实施方案的通知》（财建〔2018〕581号）最新精神，结合河南实际，现将2018年度“中国好粮油”之“示范县”及“省级示范企业”申报工作有关事项补充通知如下：

一、示范县申报

示范县除满足《河南省粮食局　河南省财政厅关于印发河南省2018年度“中国好粮油”之“示范县”及“省级示范企业”申报指南的通知》（豫粮文〔2018〕192号）的申报条件要求外，还需满足以下条件：

（一）除国家级贫困县外，2017年度“中国好粮油”行动计划示范县原则上不再申报；

（二）与示范县拟签订建设协议的县域示范企业，须是第一批或第二批河南省好粮油加工企业或河南省放心粮油加工企业；

（三）重金属污染耕地防控和修复等农村环境问题突出的县不再申报。

二、省级示范企业申报

省级示范企业除满足《河南省粮食局　河南省财政厅关于印发河南省2018年度“中国好粮油”之“示范县”及“省级示范企业”申报指南的通知》（豫粮文〔2018〕192号）的申报条件要求外，还须是第一批或第二批河南省好粮油加工企业。除郑州市（全省粮油加工业总产值第一名）可以推荐2家省级示范企业外，其他省辖市、省直管县（市）最多推荐1家。省直粮油企业直接向省粮食局、省财政厅提出申请。

三、申报要求

因“中国好粮油”行动计划建设时间紧、任务重，经研究，示范县和省级示范企业申报材料，除按照本通知要求进行修改完善后，务必按原定程序正式行文，并提前报省粮食局、省财政厅各 2 份，逾期不再受理。

河南省2018年度“中国好粮油”之“示范县”及“省级示范企业”评审办法

为切实做好全省2018年度“中国好粮油”之“示范县”及“省级示范企业”评审工作，根据《河南省粮食局 河南省财政厅关于印发“优质粮食工程”实施方案的通知》（豫粮〔2017〕7号）、《河南省粮食局 河南省财政厅关于印发河南省2018年度“中国好粮油”之“示范县”及“省级示范企业”申报指南的通知》（豫粮文〔2018〕192号）和《关于河南省2018年度“中国好粮油”之“示范县”及“省级示范企业”申报工作的紧急通知》（豫粮文〔2018〕196号）要求，特制定本评审办法。

一、评审原则

2018年度“中国好粮油”之“示范县”及“省级示范企业”评审工作坚持公正、公平、择优、扶强原则，通过逐级上报、专家评审的方式，确定示范县、省级示范企业拟支持名单和类型。

二、评审程序和办法

（一）示范县

1. 审核推荐

各省辖市粮食局、财政局负责对申报示范县（市、区）人民政府的申报材料进行审核，出具审核推荐意见，上报省粮食局、省财政厅。省直管县人民政府的申报材料，直接上报省粮食局、省财政厅。

2. 专家评审

省粮食局、省财政厅组织专家评审会，对各省辖市粮食局、财政局推荐的县级人民政府和省直管县（市）人民政府的申报材料，由专家按照百分制进行评审。其中，县级人民政府情况占50分，企业情况占50分。

（1）评审专家组成。从“河南省财政厅专家库”及省直科研院校中抽取财务专家1名、粮油加工与食品工程专家4名、粮食流通仓储设施建设专家1名、粮食质检及食品检验专家1名，共同组成评审小组，并由全体评审成员选举产生组长1名。

(2) 评审要求。按照本评审办法规定，对示范县申报材料进行审查，评价是否符合申报条件。

(3) 评审结果。根据评审、打分情况，评审小组提出拟确定示范县（市、区）名单和类型，与示范县（市、区）人民政府签订建设协议的企业同时拟确定为该县（市、区）的示范企业。对拟确定为示范县的县级人民政府申报材料，进行建设方案可行性、资金使用合理性等方面的评审，出具评审意见。经公示无异议后，确定示范县（市、区）和示范企业。县级人民政府根据专家评审意见，修改完善建设方案后组织实施。

3. 评分标准

(1) 示范县基本情况50分。其中，全县概况5分；重视程度10分；粮食产量情况5分；粮油加工业情况10分；建设规划5分；主要措施10分；资金使用合理性5分。

(2) 示范企业基本情况50分。其中，企业概况5分；产能、销售及利润、利税情况10分；信用等级及负债情况5分；品牌及荣誉情况5分；发展规划5分；实施方案制定合理性20分。若示范县（市、区）拟与两个企业签订建设协议，则综合两个企业的情况，进行打分。

（二）省级示范企业

1. 审核推荐

各县（市、区）粮食局、财政局负责对辖区内申报省级示范企业的材料进行初审，将通过初审的企业申报材料上报各省辖市粮食局、财政局。省直管县（市）粮食局、财政局将通过初审的企业申报材料直接上报省粮食局、省财政厅。各省辖市粮食局、财政局对辖区内企业申报材料进行复审，不符合要求的予以淘汰，通过复审的企业申报材料上报省粮食局、省财政厅。省直粮油企业申报材料直接上报至省粮食局、省财政厅。

2. 专家评审

省粮食局、省财政厅组织专家评审会，对申报省级示范企业的材料，由专家按照百分制进行评审。

(1) 评审专家组成。从“河南省财政厅专家库”及省直科研院校中抽取财务专家1名、粮油加工与食品工程专家4名、粮食流通仓储设施建设专家1名、粮食质检及食品检验专家1名，共同组成评审小组，并由全体评审成员选举产生组长1名。

（2）评审要求。按照本评审办法规定，对申报省级示范企业的材料进行审查，评价是否符合申报条件。

（3）评审结果。根据评审、打分情况，评审小组提出拟确定省级示范企业名单和类型。已评为示范县的县域示范企业，不得同时被评为省级示范企业。对拟确定为省级示范企业的申报材料，进行实施方案可行性、资金使用合理性等方面的评审，出具评审意见。经公示无异议后，确定省级示范企业。省级示范企业根据专家评审意见，修改完善实施方案后组织实施。

3. 评分标准

（1）企业基础条件75分。其中，企业概况5分；主营业务收入情况10分；利润情况10分；负债情况10分；销售情况10分；信用等级情况10分；品牌情况10分；荣誉情况10分。

（2）方案可行性20分。按照建设方案可行分析、建设资金预算等情况计分。

（3）材料报送情况5分。根据是否按规定报送申请材料，材料是否完整、规范等情况计分。

（4）省级示范企业类型。根据企业规模和未来两年建设方案确定的建设规模，确定省级示范类型。经专家评审后，企业总资产在20亿元以上，未来两年内符合支持方向的项目投资总额在4亿元以上的企业，作为一类省级示范企业；企业总资产在4亿~20亿元，未来两年内符合支持方向的项目投资总额在0.5亿元以上的企业，作为二类省级示范企业；其他为三类省级示范企业。

三、评审纪律

2018年度“中国好粮油”之“示范县”及“省级示范企业”评审实行回避制度，评审组成员对与自己有利害关系的企业应主动提出回避，不得同任何与评审结果有利害关系的人或单位进行私下接触，不得收受申报企业、中介人、其他利害关系人的财物或者其他好处，不得对外透露与评审有关的情况。任何单位和个人不得干扰评审工作。

附件：1. 示范县评分标准
2. 示范县评分表
3. 省级示范企业评分标准
4. 省级示范企业评分表

附件 1

示范县评分标准

类别	分值	指标	分值	评分标准
示范县基本情况	50分	全县概况	5分	根据全县优质原粮生产、粮食产后服务能力和优质粮油加工、销售、品牌建设等基础情况,酌情给分
		重视程度	10分	根据是否成立领导小组、县政府重视程度等情况,酌情给分
		粮食产量情况	5分	根据全县粮食产量情况打分,超级产粮大县得5分,产粮大县得3分,其他县得1分
		粮油加工业情况	10分	根据全县粮油加工业总产值在所有申报县的位次打分,第1名得10分,名次每降低1位,扣1分
		建设规划	5分	根据全县“中国好粮油”行动计划建设规划,酌情给分
		主要措施	10分	根据全县“中国好粮油”行动计划建设推进措施,特别是推进本地区农民优质粮油种植收益提高20%以上、粮油优质品率提升30%以上的主要措施情况,酌情给分
		资金使用合理性	5分	根据专项资金使用是否符合规范、合理,是否具有可操作性等情况,酌情给分
示范企业基本情况	50分	企业概况	5分	根据企业规模、发展方向、发展前景、企业知名度等情况,酌情给分
		产能、销售及利润、利税情况	10分	根据企业产能、年销售额、年利润和年利税等情况,酌情给分
		信用等级及负债情况	5分	根据企业信用等级、负债总额和负债率等情况,酌情给分
		品牌及荣誉情况	5分	根据企业品牌、荣誉等情况,酌情给分
		发展规划	5分	根据企业发展规划合理性、可操作性等情况,酌情给分
		实施方案合理性	20分	根据实施方案制定是否合理,方向是否符合要求,能否达到预期等情况,酌情给分

附件 2

示范县评分表

参评县(市、区)名称：　　　　申报类型：　　　　参评企业名称：

类别	分值	指标	分值	得分	专家签名
示范县基本情况	50 分	全县概况	5 分		
		重视程度	10 分		
		粮食产量情况	5 分		
		粮油加工业情况	10 分		
		建设规划	5 分		
		主要措施	10 分		
		资金使用合理性	5 分		
示范企业基本情况	50 分	企业概况	5 分		
		产能、销售及利润、利税情况	10 分		
		信用等级及负债情况	5 分		
		品牌及荣誉情况	5 分		
		发展规划	5 分		
		实施方案合理性	20 分		
总得分					

推荐示范县类型：　　　　评审组长签字：

附件3

省级示范企业评分标准

类别	分值	指标	分值	评分标准
企业基础条件	75分	企业概况	5分	根据企业规模、发展方向、发展前景、企业知名度等情况，酌情给分
		主营业务收入情况	10分	根据企业主营业务收入情况，酌情给分
		利润情况	10分	根据企业利润总额、利润率等情况，酌情给分
		负债情况	10分	企业负债率为60%的得6分，每高于/低于5个百分点的，减少/增加1分，该项分加减满为止
		销售情况	10分	根据企业产品销售情况，酌情给分
		信用等级情况	10分	企业信用等级为A级的2分，每高于一个级别加2分，该项分加满为止
		品牌情况	10分	每拥有1个省级/国家级品牌的，分别得5分/10分，该项分加满为止
		资金筹措情况	10分	根据资金来源、承诺情况，酌情给分
方案可行性	20分	实施方案可行性	20分	根据实施方案中的建设规模和可行性，酌情给分
材料报送情况	5分	材料报送情况	5分	材料完整3分，装订规范2分
省级示范企业类型	/	企业总资产和项目投资总额	/	经专家评审后，企业总资产在20亿元以上，未来两年内符合支持方向的项目投资总额在4亿元以上的企业，作为一类省级示范企业；企业总资产在4亿～20亿元，未来两年内符合支持方向的项目投资总额在0.5亿元以上的企业，作为二类省级示范企业；其他为三类省级示范企业

附件 4

省级示范企业评分表

参评企业名称：

类别	分值	指标	分值	得分	专家签名
企业基础条件	75 分	企业概况	5 分		
		主营业务收入情况	10 分		
		利润情况	10 分		
		负债情况	10 分		
		销售情况	10 分		
		信用等级情况	10 分		
		品牌情况	10 分		
		资金筹措情况	10 分		
方案可行性	20 分	实施方案可行性	20 分		
材料报送情况	5 分	材料报送情况	5 分		
总得分					

推荐省级示范企业类型：　　　　评审组长签字：

公布补充确定的第二批好粮油系列产品暨加工企业名单

为深入实施“中国好粮油”行动计划，充分发挥中央粮油企业示范带动作用，根据《国家粮食局　财政部关于印发“优质粮食工程”实施方案的通知》（国粮财〔2017〕180号）、《河南省粮食局　河南省财政厅关于印发“优质粮食工程”实施方案的通知》（豫粮〔2017〕7号）、《河南省粮食局　河南省财政厅关于印发河南省2017~2018年度“中国好粮油”行动计划申报指南的通知》（豫粮文〔2017〕215号）和《河南省粮食局办公室关于补充遴选第二批“好粮油”系列产品暨加工企业的通知》（豫粮办〔2018〕143号）精神，经中央驻豫企业自愿申报，全省各级粮食部门层层申报、审核、筛选、把关、推荐等，省粮食局按程序抽取并组织专家评审，并将评审结果进行了公示，公示期间未收到任何单位或个人有异议的反馈。经研究，决定将补充确定的第二批河南好（放心）粮油（主食）产品暨河南好（放心）粮油（主食）加工企业名单等予以公布（见附件）。

一、“好粮油”系列产品及加工企业实行动态管理，称号自发文日期起，有效期三年。省局每年对相关产品进行1~2次抽检，对检测不合格的，撤销相关产品及加工企业称号。

二、各相关中央驻豫企业要充分发挥企业优势，进一步加大优质粮油新产品研发力度，提升产品品质，调优产品结构，以优质优价倒逼粮食种植结构调整，提高种粮农民收益。

三、各地粮食部门要加强对中央驻豫企业的业务指导和服务，引导企业规范使用产品及企业称号，充分发挥中央驻豫企业的示范引领作用，辐射带动地方粮食产业经济发展。

附件：1. 补充确定的第二批河南好粮油（主食）产品名单
2. 补充确定的第二批河南好粮油（主食）加工企业名单
3. 补充确定的第二批河南放心粮油（主食）产品名单
4. 补充确定的第二批河南放心粮油（主食）加工企业名单

附件 1

补充确定的第二批河南好粮油（主食）产品名单

序号	市、县	产品品牌	产品名称	生产企业
1	郑州市	香雪	拉面专用粉（面条用小麦粉）	中粮（郑州）粮油工业有限公司
2		香雪	雪花粉（小麦粉）	
3		金鼎	压榨一级浓香花生油	中储粮油脂（新郑）有限公司

附件 2

补充确定的第二批河南好粮油（主食）加工企业名单

序号	市、县	企业名称
1	郑州市	中粮（郑州）粮油工业有限公司
2		中储粮油脂（新郑）有限公司

附件 3

补充确定的第二批河南放心粮油（主食）产品名单

序号	市、县	产品品牌	产品名称	生产企业
1	郑州市	香雪	拉面专用粉（面条用小麦粉）	中粮（郑州）粮油工业有限公司
2		香雪	雪花粉（小麦粉）	中储粮油脂（新郑）有限公司
3		香雪	金麦芯劲弹拉面挂面	
4		福临门	劲道高筋龙须挂面	
5		金鼎	压榨一级浓香花生油	
6	漯河市	神象	高筋特精小麦粉	中粮面业（漯河）有限公司
7		香雪	高级包点粉（小麦粉）	

附件4

补充确定的第二批河南放心粮油（主食）加工企业名单

序号	市、县	企业名称
1	郑州市	中粮（郑州）粮油工业有限公司
2		中储粮油脂（新郑）有限公司
3	漯河市	中粮面业（漯河）有限公司

公布河南省2018年度“中国好粮油”之示范县和省级示范企业名单

根据《河南省粮食局　河南省财政厅关于印发“优质粮食工程”实施方案的通知》(豫粮〔2017〕7号)、《河南省粮食局　河南省财政厅关于印发河南省2018年度“中国好粮油”之“示范县”及“省级示范企业”申报指南的通知》(豫粮文〔2018〕192号)、《河南省粮食局　河南省财政厅关于河南省2018年度“中国好粮油”之“示范县”及“省级示范企业”申报工作的紧急通知》(豫粮文〔2018〕196号)精神，经县级人民政府和有关企业对照条件自愿申报，省辖市、直管县（市）粮食、财政部门审核、把关、筛选和共同推荐，规范抽取并共同组织专家，按照《河南省粮食局　河南省财政厅关于印发河南省2018年度“中国好粮油”之“示范县”及“省级示范企业”评审办法的通知》（豫粮文〔2018〕207号）要求，对2018年度“中国好粮油”之示范县和省级示范企业进行了认真评审，并将评审结果对全社会进行了公示。结合专家评审意见和公示情况，经研究，现将2018年度“中国好粮油”之“河南省示范县”和“省级示范企业”名单印发给你们。请按国家和省有关要求，抓紧做好“中国好粮油”行动计划实施工作，示范县要务必完成项目申报时承诺的建设任务，实现本地区农民优质粮油种植收益提高20%以上、粮油优质品率提升30%以上等建设目标，确保项目实施取得预期效果。

一、河南省示范县及各县示范企业名单

南阳市社旗县：南阳鸿四方食品有限公司

信阳市潢川县：河南友利粮业股份有限公司

周口市淮阳县：河南辉华食品科技有限公司

驻马店市遂平县：一加一天然面粉有限公司

　　　　　　　　河南正康粮油有限公司

长垣县：河南志情面业有限责任公司

郑州市：郑州市久友面粉有限公司

二、省级示范企业名单

郑州思念食品有限公司
三全食品股份有限公司
开封市家家福面粉有限公司
河南天香面业有限公司
河南省南街村（集团）有限公司
想念食品股份有限公司
河南久久农业科技股份有限公司
永城市华冠面粉有限公司
河南省豫粮粮食集团有限公司

2018年度“中国好粮油”行动计划优质粮食品质测评工作方案

为切实做好2018年度“中国好粮油”行动计划优质粮食品质测评工作，特制定本方案。

一、工作安排

2018年5月，河南省粮食和物资储备局印发了《关于印发2018年粮食质量调查、品质测报、安全监测和质量会检等有关工作方案的通知》（豫粮文〔2018〕67号）（以下简称《方案》），对2018年粮食质量会检等工作进行了安排。为充分利用现有粮食质量会检工作基础，提高工作效率，经研究，2018年“中国好粮油”行动计划优质品率测评在粮食质量会检工作的基础上开展，由省局统一组织。

二、主要任务

（一）优质品率测评

优质品率测评调查以县为统计单元，以小麦、稻谷、玉米为重点，具体各品种采集计划与2018年粮食质量会检工作计划一致。各省辖市、省直管县（市）粮食局按照2018年粮食质量会检工作采样要求、地点和品种，再次采集小麦样品5公斤（即与会检采样的要求、地点和品种完全一致），务于12月29日前送至省粮油质检中心，随样寄送采样单（附件1）和样品汇总表（附件2）的纸质及电子版。样品运送途中要保持包装完好、不发生破损，防止雨淋，避免高温和光照，尽量缩短在途时间，确保样品在传送和保管期间不发生质量异常变化。稻谷、玉米样品不再进行样品采集，省粮油质检中心使用2018年粮食质量会检工作采集的样品进行测评。

（二）优质优价收购情况调查

优质优价收购情况调查以“中国好粮油”行动计划示范县（市）为统计单元，每个示范县（市）选择3家以上优质粮食主要收购主体作为调查对象。重点调查优质小麦、稻谷、玉米、芝麻的优质优价收购数量和价格(进厂价/到库价)。收购量为当月累计收购量，收购价格为当月平均收购价格。优质粮食收购量占比由企业优质收购量占比和收购量加权推算得出(见附件7)。

三、有关要求

（一）各级粮食行政管理部门应按照本方案要求，将优质品率测评和粮食质量会检工作结合起来，协调组织开展本地区2018年度优质粮食品质测评和相关统计调查工作。

（二）各省辖市、省直管县（市）粮食局应根据省局分配的扦样任务，开展样品的采集、整理、包装、编号、转运等工作。辖区内拥有"中国好粮油"行动计划示范县（市）的省辖市和省直管的"中国好粮油"行动计划示范县（市）还要具体负责优质优价收购情况调查工作，并于每月10日前，上报上月调查统计情况，截至时间为2019年5月。

（三）省粮油饲料产品质量监督检验中心（以下称"省粮油质检中心"）负责优质品率测评的样品检测和数据分析，对各省辖市、省直管县（市）的采样检验工作进行业务指导，并于2019年1月31日前向省局报送原粮优质品率测评统计数据（附件4、5、6），形成全省粮食品质测评报告。

附件：1. 2018年度优质品率测评调查小麦采样单
2. 2018年度优质品率测评调查样品汇总表
3. 2018年度原粮优质品率检测项目、检验方法及判定规则
4. ________县（市、区）2018年度原粮优质品率测评统计表
5. ________县（市、区）2018年度原粮分品种优质品率测评数据表
6. 全省2018年度原粮优质品率测评统计汇总表
7. ________县（市、区）2018年度优质粮食收购价格调查统计表

附件 1

2018 年度优质品率测评调查小麦采样单

样品编号：__________ 粮食类别：小麦

品种：__________ 代表数量：__________（吨）（该品种在该村数量）

种植面积：__________（亩）（以村计） 单产：__________（kg/亩）（采样村该品种平均产量）

采样地点：__________市（区）__________县__________乡（镇）__________村

扦样农户（签名）及电话__________、__________、__________、__________、__________

收获时间：__________ 采样时间：__________ 种子来源：__________

土壤类型：__________ 田间施药名称：__________

收获期间异常气候情况说明：__________

采样村紧邻工业企业情况说明：__________

采样人（签名）及工作单位：__________ 联系电话：__________

说明： 1.“品种”指农业部门提供的正式名称，如西农 979；

2.“种子来源”指自留或种子站购买；

3. 编号：共 10 位，前 6 位为县行政区划代码，第 7 位为样品品种码（用 2 表示），第 8 ~ 10 位码：以县为计算单元的样品总数（如第 1 个样为 001）。

附件2

2018年度优质品率测评调查样品汇总表

序号	县(市、区)	样品编号	扦样地点（县、乡、村）	种植面积（亩）	代表数量（吨）	品种名称	土壤类型 地理环境	收获时间	扦样人	扦样时间

填表人：　　　　　　　　联系方式：

说明：本表是对采样单的汇总，填表信息来源于采样单信息表，每县各填一个表，随样品一起送达省粮油质检中心。地理环境，指周边工业企业污染情况。

附件3

2018年度原粮优质品率检测项目、检验方法及判定规则

1. 检测项目。主要包括质量检测项目和品质检测项目。质量检测项目与《方案》质量调查检测项目一致。品质检测项目在《方案》确定的品质测报检测项目的基础上，按照“中国好粮油”相关标准要求，增加部分品质检测项目。同时，根据测评工作需要，提出必检项目，新增和必检项目具体如下。

小麦新增项目：一致性、硬度指数、面筋指数、食品品质评分（强筋硬麦测试面包烘焙品质评分，低筋软麦测试海绵蛋糕烘焙品质评分，其他按照面筋含量和面筋指数等理化指标数值判断中筋小麦类别，分别测试硬式馒头品质评分、软式馒头品质评分或面条品质评分）。根据基本质量指标和定等指标判定样品的分类，不同分类的样品按照《中国好粮油　小麦》（LS/T 3109）表2的要求分别测试各类别的声称指标，包括：粉质吸水率和粉质形成时间（强筋硬麦和中筋小麦）、最大拉伸阻力（强筋硬麦）、延展性（强筋硬麦和面条小麦）、面片色泽 L×0.5 和 L×24（面条小麦）。

小麦必检项目：水分、杂质、不完善粒、色泽气味、一致性、降落数值、容重、硬度指数、湿面筋含量、面筋指数、食品评分值、粉质特性（粉质吸水率、粉质形成时间、粉质稳定时间，用于强筋硬麦和中筋小麦）、最大拉伸阻力（强筋硬麦）、延展性（强筋硬麦和面条小麦）、吹泡特性（吹泡P值、吹泡L值，用于低筋软麦）、面片色泽 L×0.5 和 L×24（面条小麦）。

稻谷新增项目：一致性、垩白粒率、粗蛋白含量、食味值、新鲜度。

稻谷必检项目：色泽气味、水分、杂质、不完善粒、黄粒米、一致性、出糙率、整精米率、食味值、垩白粒率（按《优质稻谷》（GB/T 17891）规定执行）、垩白粒率（按《中国好粮油　稻谷》（LS/T 3109））、垩白度、直链淀粉含量、粗蛋白含量、新鲜度。

玉米新增项目：一致性、脂肪酸值、霉变粒。

玉米必检项目：水分、杂质、不完善粒、霉变粒、容重、一致性、粗蛋白含量、淀粉含量、脂肪酸值。

2. 检验方法及判定规则。检验方法及检测结果判定按照“中国好粮油”相关标准执行（已注明按其他标准判定的除外）。优质品率（分品种）由样品（分品种）优质品率、产量加权推算得出（见附件4）。

附件 4

__________县（市、区）2018 年度原粮优质品率测评统计表

测评品类：

序号	品种名称	播种面积（亩）	产量（吨）	采样量（个）	优质品率（%）
品种 1					
品种 2					
品种 3					
品种 4					
品种 5					
…					
样品小计					
该品类粮食合计					

填表说明：品种和合计的优质品率计算均根据各品种产量加权计算。

附件 5-1

______县(市、区)2018 年度小麦优质品率测评数据表

序号	编号	采集地点（乡、村）	土壤类型 地理环境	品种	种植面积（亩）	产量（吨）	水分（%）	不完善粒（%）	杂质（%）	色泽气味	一致性（%）	降落数值（S）	容重（g/L）	硬度指数
1														
2														
3														
4														
5														
6														
7														
8														
9														
10														
…														

续表

湿面筋含量（14%水分计,%）	面筋指数	食品评分值（分）	粉质特性（强筋硬麦、中筋小麦）			最大拉伸阻力（EU）（强筋硬麦）	延展性（mm）（强筋硬麦、面条小麦）	吹泡特性（低筋软麦）		面片色泽（面条小麦）	
			粉质吸水率（%）	形成时间（min）	稳定时间（min）			吹泡P值（mmH_2O）	吹泡L值（mm）	L*0.5	L*24

填表说明:1. 品种:以农业部门种子的品系名称填报。应填写全称,同一品种应为相同名称;

2. 种植面积:该品种在该县(市、区)的总种植面积;

3. 产量:该品种在该区县的总产量。

附件 5-2

________县(市、区)2018 年度稻谷优质品率测评数据表

序号	编号	采集地点（乡、村）	土壤类型地理环境	品种	种植面积（亩）	产量（吨）	色泽、气味	水分（%）	不完善粒（%）	黄粒米（%）	一致性（%）	出糙率（%）
1												
2												
3												
4												
5												
6												
7												
8												
9												
10												
…												

续表

整精米率（%）	食味值（分）	垩白粒率（%）		垩白度（%）	直链淀粉含量（%，干基）	粗蛋白含量（%，干基）	新鲜度（分）
		CB/T 17897	LS/T 3108				

填表说明：1. 品种：以农业部门种子的品系名称填报。应填写全称，同一品种应为相同名称；

2. 种植面积：该品种在该县（市、区）的总种植面积；

3. 产量：该品种在该区县的总产量。

附件 5-3

______县(市、区)2018 年度玉米优质品率测评数据表

序号	编号	采集地点(乡、村)	土壤类型、地理环境	品种	种植面积(亩)	产量(吨)	水分(%)	杂质(%)	不完善粒(%)	霉变粒(%)	一致性(%)	容重(g/L)	粗蛋白含量(%,干基)	脂肪酸值(KOH)干基/(mg/100g)	淀粉含量(%,干基)
1															
2															
3															
4															
5															
6															
7															
8															
9															
10															
…															

填表说明:1. 品种:以农业部门种子的品系名称填报。应填写全称,同一品种应为相同名称;

2. 种植面积:该品种在该县(市、区)的总种植面积;

3. 产量:该品种在该区县的总产量。

附件 6

全省 2018 年度原粮优质品率测评统计汇总表

序号	省辖市/省直管县（市）	县（市、区）	小麦			稻谷			玉米		
			总产量（吨）	扦样代表产量（吨）	优质品率（%）	总产量（吨）	扦样代表产量（吨）	优质品率（%）	总产量（吨）	扦样代表产量（吨）	优质品率（%）
1											
2											
3											
4											
5											
…											
合计	/	/									

填表说明：1. 根据各县（市、区）相关原粮品类优质品率测评情况进行填写；

2. 扦样代表产量是该县（市、区）所取各品种代表产量的总和。

附件 7

________县(市、区)2018 年度优质粮食收购价格调查统计表

调查品类：

序号	企业名称							…	
	品种名称	收购量（吨）	平均收购价（元/公斤）	收购量（吨）	平均收购价（元/公斤）	收购量（吨）	平均收购价（元/公斤）	收购量（吨）	平均收购价（元/公斤）
普通品种	/								
优质品种 1									
优质品种 2									
优质品种 3									
优质品种 4									
优质品种 5									
…									

注明：1. 品类填写小麦、玉米、稻谷、芝麻等；

2. 表格第一行空白处，请填写优质粮食收购企业名称。

遴选第三批“好粮油”系列产品暨加工企业

为认真组织实施“中国好粮油”行动计划，根据《河南省粮食局　河南省财政厅关于印发“优质粮食工程”实施方案的通知》（豫粮〔2017〕7号）精神，省粮食和物资储备局决定在全省范围内遴选第三批“好粮油”系列产品暨加工企业。现将有关事项通知如下：

一、遴选范围

此次遴选的“好粮油”系列产品包含河南好粮油（主食）和河南放心粮油（主食）两个类别；“好粮油”加工企业包含河南省好粮油（主食）加工企业和河南省放心粮油（主食）加工企业两个类别。

“好粮油”系列产品遴选范围主要包括：小麦粉、大米、馒头（包括手抓饼类）、挂面、方便面、方便鲜湿面、饼干、糕点、面包、速冻饺子、速冻汤圆、花生油、芝麻油。“好粮油”加工企业遴选范围为生产以上“好粮油”系列产品的加工企业。

二、遴选条件

遴选产品及企业条件参照《河南省粮食局　河南省财政厅关于印发河南省2017~2018年度“中国好粮油”行动计划申报指南的通知》（豫粮文〔2017〕215号）和《河南省粮食局办公室关于“河南好粮油（主食）”“河南放心粮油（主食）”遴选条件的通知》（豫粮办〔2017〕207号）规定执行。企业根据此次发布的产品检验指标目录（详见检验情况汇总表），进行样品检验，取得第三方检验机构出具的检验报告后进行申报。

三、遴选程序

（一）提出申请

各省辖市、省直管县（市）粮食局根据分配企业名额控制数（见附表1）和相关要求，确定拟推荐企业。拟推荐企业本着“自愿参与、一品一报”的原则，根据企业实际情况，提前到有资质、规模较大的检验检测机构，按照申请“好粮油”系列称号类别，对照《河南省粮食局办公室关于“河南好粮油（主食）”“河南放心粮油（主食）”遴选条件的通知》（豫粮办〔2017〕207 号）要求，进行样品检验。申报企业取得第三方检验检测机构出具的检验报告后，编制申报材料，向当地粮食行政主管部门提出正式申请。申报材料中要明确“好粮油”系列产品申报类型，填写“好粮油”产品申报信息表（详见附件 3）。此次“好粮油”系列产品申报包括“河南好粮油（主食）”和“河南放心粮油（主食）”两个类别，单个产品可同时申报两个称号，也可只申报“河南放心粮油（主食）”，但不得直接申报“河南好粮油（主食）”；而获得第一批、第二批“河南放心粮油（主食）”称号的产品（见豫粮文〔2018〕36 号、豫粮文〔2018〕183 号），这次可直接申报“河南好粮油（主食）”产品。同时，获得此次“河南放心粮油（主食）”产品称号的企业，将自动认定为“河南省放心粮油（主食）加工企业”；获得“河南好粮油（主食）”产品称号的企业，将自动认定为“河南省好粮油（主食）加工企业”。

（二）逐级审核

各市、县粮食局，要严格审核把关企业申报材料，在企业填写的“好粮油”产品申报信息表中盖章，对材料真实性负责。企业申报材料经县级粮食部门初审后，上报省辖市粮食部门；省辖市粮食部门审定核实材料后汇总，并按附件 1 规定的名额控制数要求，务于 2019 年 1 月 3 日前正式行文推荐，并将申报材料一并报送省粮食和物资储备局 2 份（省直管县（市）粮食局审核汇总后直接报送至省粮食和物资储备局）。

（三）组织评审

省粮食和物资储备局组织专家对照评分细则，对企业申报材料进行审核、打分，根据得分情况确定“河南放心粮油（主食）”产品，同时认定该企业为“河南省放心粮油（主食）加工企业”。在“河南放心粮油（主食）”上榜产品中，对同时申报“河南好粮油（主食）”称号的产品，根据专家审核、打分情况，确定“河南好粮油（主食）”产品，同时认定该企业为“河南省好粮油（主食）加工企业”。

附件：1. “好粮油”系列产品暨加工企业申报名额控制数一览表

2. “好粮油”系列产品暨加工企业申报信息汇总表（粮食部门使用）

3. “好粮油”系列产品暨加工企业申报信息一览表（申报企业使用）

4. “好粮油”系列产品暨加工企业申报材料编制格式

附件 1

“好粮油”系列产品暨加工企业申报名额控制数一览表

市、县	申报控制名额数	备注	市、县	申报控制名额数	备注
郑州市	6		信阳市	5	
开封市	4		周口市	5	
洛阳市	4		驻马店市	5	
平顶山市	2		济源市	1	
安阳市	4		巩义市	1	
鹤壁市	2		兰考县	1	
新乡市	4		汝州市	1	
焦作市	4		滑县	1	
濮阳市	4		长垣县	1	
许昌市	3		邓州市	1	
漯河市	4		永城市	2	全国面粉食品产业健康发展试点
三门峡市	2		固始县	1	
南阳市	6		鹿邑县	1	
商丘市	5		新蔡县	1	
合计	81				

说明：各省辖市申报名额控制数以其所辖县（市、区）数和粮油加工企业分布数为依据确定。永城是中央农办确定的全国面粉食品产业健康发展试点，可多申报 1 个。中央驻豫企业和省直企业按属地原则，纳入到所在的省辖市进行数量控制。

附件 2

“好粮油”系列产品暨加工企业申报信息汇总表

填报单位：__________市（县）粮食局

序号	企业基本信息			申报产品信息					遴选推荐意见
	企业名称	企业性质	企业地址	产品名称	规格	包装形式	品牌	申报“好粮油”类别	

联系人： 联系电话：

附件 3

“好粮油”系列产品暨加工企业申报信息一览表

申报类型：

<table>
<tr><td rowspan="6">企业信息</td><td>企业名称</td><td></td><td>信用等级</td><td></td></tr>
<tr><td>年加工能力（万吨/年）</td><td></td><td>年销售额（万元）</td><td></td></tr>
<tr><td>年总产值（万元）</td><td></td><td>主营业务收入（万元）</td><td></td></tr>
<tr><td>年利润总额（万元）</td><td></td><td>资产负债率（%）</td><td></td></tr>
<tr><td>品牌名称</td><td></td><td>商标类型</td><td></td></tr>
<tr><td>主营产品</td><td></td><td>生产过程管理认证</td><td></td></tr>
<tr><td rowspan="4">产品信息</td><td>产品名称</td><td></td><td>产品加工量（万吨/年）</td><td></td></tr>
<tr><td>原粮品种</td><td></td><td>品质指标检验情况</td><td></td></tr>
<tr><td>安全指数检验情况</td><td></td><td>营养成分检验情况</td><td></td></tr>
<tr><td>近三年抽检情况</td><td></td><td>其他荣誉</td><td></td></tr>
<tr><td>县级粮食局
审核意见</td><td colspan="2">（盖章）</td><td>省辖市粮食局
审核意见</td><td>（盖章）</td></tr>
</table>

注：1. 申报类型：河南好粮油（主食）、河南放心粮油（主食）；

2. 商标类型：驰名商标、著名商标、知名商标、商标、中华老字号；

3. 生产过程控制认证：ISO9001 质量管理体系、危害分析与临界控制点认证（HACCP）、卫生标准操作规范认证（SSOP）、良好生产规范认证（GMP）、中国良好农业规范认证（China GAP）、其他或者没有认证（具体注明）；

4. 其他荣誉：无公害产品认证、绿色产品认证、有机产品认证等。

附件 4

“好粮油”系列产品暨加工企业申报材料编制格式

第一部分　申报信息一览表（附件 3 表格）

第二部分　企业基本情况介绍（限 500 字，可以有图片信息）

第三部分　产品检验情况汇总表（请使用豫粮办〔2017〕207 号附件 2 表格）

第四部分　产品检验检测报告

第五部分　证明材料（均为复印件）

一、企业法人营业执照

二、食品生产许可证

三、近三年度企业审计报告

四、由企业基本账户开户银行出具的企业信用等级证明

五、ISO9000 族或 HACCP 管理体系、原产地、绿色食品等认证证书

六、产品简介及包装图片（包括正面、反面，图片尺寸为 800 × 800）。

七、荣誉证书

八、其他相关证明材料

公布第三批“好粮油”系列产品暨加工企业名单

根据《国家粮食局　财政部关于印发“优质粮食工程”实施方案的通知》（国粮财〔2017〕180号）、《河南省粮食局　河南省财政厅关于印发“优质粮食工程”实施方案的通知》（豫粮〔2017〕7号）、《河南省粮食局　河南省财政厅关于印发河南省2017～2018年度“中国好粮油”行动计划申报指南的通知》（豫粮文〔2017〕215号）和《河南省粮食局办公室关于遴选第三批“好粮油”系列产品暨加工企业的通知》（豫粮文〔2018〕192号）精神，经全省各级粮食部门层层申报、审核、筛选、把关、推荐等，省粮食和物资储备局按程序抽取并组织专家评审，评审结果在省局网站进行了公示，公示期间未收到任何单位或个人有异议的反馈。经研究，决定将第三批河南好（放心）粮油（主食）产品暨河南省好（放心）粮油（主食）加工企业名单等予以公布（见附件）。

一、“好粮油”系列产品及加工企业实行动态管理，称号自发文日期起，有效期三年。省局每年至少对相关产品进行两次全覆盖的检测，对检测不合格的，撤销相关产品及加工企业称号。

二、相关企业要进一步增强诚信经营意识，规范使用产品及企业称号。要加大优质粮油新产品研发力度，提升产品品质，加强品牌宣传，扩大企业影响力，增强市场竞争力。

三、各地粮食部门以及有关省直粮油企业要充分发挥被认定企业的示范带动作用，加强对企业的指导服务，坚决杜绝虚假宣传行为。要支持相关企业做大做强，进而辐射带动全省优质粮油产业发展。

附件：1. 第三批河南好粮油（主食）产品名单
2. 第三批河南好粮油（主食）加工企业名单
3. 第三批河南放心粮油（主食）产品名单
4. 第三批河南放心粮油（主食）加工企业名单

附件 1

第三批河南好粮油（主食）产品名单

序号	市、县	产品品牌	产品名称	生产企业
1	郑州市	千味央厨	手抓饼（原味）	郑州千味央厨食品股份有限公司
2		三一	原味小麦粉	郑州天地人面粉实业有限公司
3		神象	高筋粉	郑州海嘉食品有限公司
4		金苑	特一粉	河南金苑粮油有限公司
5		多福多	原香馒头	中原粮食集团多福多食品有限公司
6	开封市	强丰	小麦粉	河南省金穗面业有限公司
7		杜良	黄金晴大米	河南开元米业有限责任公司
8	新乡市	华豫	压榨花生油	河南省华豫油脂有限公司
9	漯河市	雪健	麦芯雪花粉	河南省雪健实业有限公司
10	南阳市	曹氏·百川	长寿面（挂面）	河南曹氏百川现代特色农产品开发股份有限公司
11			特精粉	
12		贵达	精制挂面	方城县金穗面粉有限责任公司
13	信阳市	黄国粮业	大米（糯米）	河南黄国粮业股份有限公司
14	驻马店市	悦生合	小白沙花生油	河南懿丰油脂有限公司
15	永城市	永粉	特精粉（饺皮专用粉）	永城市金源面粉有限公司
16	固始县	申源	荷花香米	固始县豫申粮油工贸有限公司
17	新蔡县	南城庄	黄金芝麻油	新蔡县南程庄粮油有限公司

附件2

第三批河南好粮油（主食）加工企业名单

序号	市、县	企业名称
1	郑州市	郑州千味央厨食品股份有限公司
2		郑州天地人面粉实业有限公司
3		郑州海嘉食品有限公司
4		河南金苑粮油有限公司
5		中原粮食集团多福多食品有限公司
6	开封市	河南省金穗面业有限公司
7		河南开元米业有限责任公司
8	新乡市	河南省华豫油脂有限公司
9	漯河市	河南省雪健实业有限公司
10	南阳市	河南曹氏百川现代特色农产品开发股份有限公司
11		方城县金穗面粉有限责任公司
12	信阳市	河南黄国粮业股份有限公司
13	驻马店市	河南懿丰油脂有限公司
14	永城市	永城市金源面粉有限公司
15	固始县	固始县豫申粮油工贸有限公司
16	新蔡县	新蔡县南程庄粮油有限公司

附件3

第三批河南放心粮油（主食）产品名单

序号	市、县	产品品牌	产品名称	生产企业
1	郑州市	千味央厨	手抓饼（原味）	郑州千味央厨食品股份有限公司
2		三一	原味小麦粉	郑州天地人面粉实业有限公司
3		神象	高筋粉	郑州海嘉食品有限公司
4		金苑	特一粉	河南金苑粮油有限公司
5		多福多	原香馒头	中原粮食集团多福多食品有限公司
6	洛阳市	和之丰	高筋挂面	洛阳鹏阳农业科技开发有限公司
7		永生	挂面（柳叶面）	洛阳永生食品实业有限公司
8	新乡市	伊尊佳福	原阳大米	河南伊尊佳福食品有限公司
9	漯河市	雪健	麦芯雪花粉	河南省雪健实业有限公司
10	三门峡市	豫西雪丰	小麦粉	三门峡市雪丰面业有限公司
11	南阳市	曹氏·百川	长寿面（挂面）	河南曹氏百川现代特色农产品开发股份有限公司
12			特精粉	
13		贵达	精制挂面	方城县金穗面粉有限责任公司
14		中州	馒头定制优质小麦粉	南阳市康圣粮油有限公司
15	信阳市	雪崖	精制糯米	潢川县裕丰粮业有限责任公司
16		枫轩面业	玉带面	罗山县双福粮业有限责任公司
17			双福高筋挂面	
18		富荣	天然麦香小麦粉	河南富贵食品有限公司
19		豫道食品	武汉风味热干面（酸豆角肉蓉味）	河南豫道农业科技发展有限公司
20	驻马店市	中原磨坊	馒头用小麦粉	中原粮油有限公司
21		悦生合	小白沙花生油	河南懿丰油脂有限公司
22	滑县	中飞	麦芯粉（小麦粉）	安阳辛安面业有限公司
23	邓州市	冰洁	饺子粉	邓州市冰洁面粉有限责任公司
24	永城市	永粉	特精粉（饺皮专用粉）	永城市金源面粉有限公司
25		麦客多	手撕面包	河南麦客多食品有限公司
26	固始县	申源	荷花香米	固始县豫申粮油工贸有限公司
27	新蔡县	南城庄	黄金芝麻油	新蔡县南程庄粮油有限公司

附件4

第三批河南省放心粮油（主食）加工企业名单

序号	市、县	企业名称
1	郑州市	郑州千味央厨食品股份有限公司
2		郑州天地人面粉实业有限公司
3		郑州海嘉食品有限公司
4		河南金苑粮油有限公司
5		中原粮食集团多福多食品有限公司
6	洛阳市	洛阳鹏阳农业科技开发有限公司
7		洛阳永生食品实业有限公司
8	新乡市	河南伊尊佳福食品有限公司
9	漯河市	河南省雪健实业有限公司
10	三门峡市	三门峡市雪丰面业有限公司
11	南阳市	河南曹氏百川现代特色农产品开发股份有限公司
12		方城县金穗面粉有限责任公司
13		南阳市康圣粮油有限公司
14	信阳市	潢川县裕丰粮业有限责任公司
15		罗山县双福粮业有限责任公司
16		河南富贵食品有限公司
17		河南豫道农业科技发展有限公司
18	驻马店市	中原粮油有限公司
19		河南懿丰油脂有限公司
20	滑县	安阳辛安面业有限公司
21	邓州市	邓州市冰洁面粉有限责任公司
22	永城市	永城市金源面粉有限公司
23		河南麦客多食品有限公司
24	固始县	固始县豫申粮油工贸有限公司
25	新蔡县	新蔡县南程庄粮油有限公司

2018年度河南好（放心）粮油（主食）加工企业补助资金申报指南

为加快实施“中国好粮油”行动计划，切实做好河南好（放心）粮油（主食）加工企业补助资金申报工作，根据《国家粮食局　财政部关于印发“优质粮食工程”实施方案的通知》（国粮财〔2017〕180号）和《河南省粮食局　河南省财政厅关于印发“优质粮食工程”实施方案的通知》（豫粮〔2017〕7号）精神，特制定本申报指南。

一、申报范围

经省粮食和物资储备局（原省粮食局）认定的第一批、第二批、第三批河南好粮油（主食）、河南放心粮油（主食）加工企业。

二、资金支持方向

河南好粮油（主食）、河南放心粮油（主食）加工企业补助资金，主要支持2018年1月1日至2018年12月31日期间的企业经营活动：

1. 对采购优质原料流动资金的银行贷款进行贴息；

2. 对扩大优质粮油产品生产的技术改造投资、研发中心建设等银行贷款进行贴息；

3. 对建设“好（放心）粮油（主食）配送中心”银行贷款进行贴息；

4. 对建设“好（放心）粮油（主食）便民店（超市）”银行贷款进行贴息；

5. 对购置生产设备或检化验设备的予以适当补助。

三、申报程序

1. 企业提出申请

符合条件的企业编写申报材料，向县级粮食、财政部门提出申请。

申报材料包括：企业基本概况、营业执照复印件、申请资金情况表；截至2018年12月底的企业经营情况（包括企业资产规模、员工总数、主要业务范围、营业收入、净利润等）、企业与银行签订的贷款合同、借据和付息凭证复印件等；企业与设备供应商签订的购买合同、付款凭证、设备购置发票复印件及设备照片等；对该企业的银行信用等级评定证明、上年度会计师事务所出具的年度财务审计报告；企业对上报所有资料真实性的承诺。

2. 逐级审核

各市、县粮食局和财政局，要严格审核把关企业申报材料。企业申报材料经县级粮食、财政部门共同初审后，联合行文上报省辖市粮食、财政部门；省辖市粮食、财政部门对申报材料复核后，于2月18日前正式行文并将企业申报材料等一并报送省粮食和物资储备局、省财政厅各2份。省直管县（市）粮食、财政部门和省直粮油企业直接报送至省粮食和物资储备局、省财政厅。

3. 组织评审

省粮食和物资储备局、省财政厅将组织专家对企业申报材料进行评审。评审结果公示无异议后，按程序拨付补助资金。

四、有关要求

1. 单个企业只能申报贷款贴息或购置设备补助中的一项，且补助资金总额不超过400万元。贷款利息按中国人民银行公布的同期人民币贷款基准利率计算，购置设备资金补助以购置设备的发票日期和金额为准。

2. 同一年度内，凡中央和省财政资金支持过（包括已申报了财政补助和财政贴息）的同一项目，不得重复申报。2018年度“中国好粮油”行动计划省级示范企业及其子公司，以及与2018年度“中国好粮油”行动计划示范县签订建设协议的示范企业及其子公司，本次不再申报。

3. 各地各单位务必实事求是，严禁弄虚作假。对弄虚作假的地区和企业，一经查实，除收回补助资金外，对涉及违纪违规违法的人员，将移交相关部门严肃处理。

附件：1. 河南好（放心）粮油（主食）加工企业补助资金申报情况汇总表（粮食、财政部门使用）
2. 河南好（放心）粮油（主食）加工企业补助资金申请情况汇总表（企业使用）
3. 河南好（放心）粮油（主食）加工企业补助资金申请明细表

（申请贷款贴息企业使用）

4. 河南好（放心）粮油（主食）加工企业补助资金申请情况明细表（申请购置设备补助企业使用）
5. 河南好（放心）粮油（主食）加工企业补助资金申报材料编制格式

附件 1

河南好（放心）粮油（主食）加工企业补助资金申报情况汇总表

填报单位：____________市（县）粮食局、财政局

序号	企业名称	企业地址	企业性质	银行贷款总额（万元）	支付利息总额（万元）	按央行基准利率计算利息总额（万元）	购置设备总额（万元）
1							
2							
3							
4							
…							

备注：1. 企业性质是指国有、国有控股、国有参股、民营、合资、外资企业等；

2. 单个企业只能申报贷款利息或购置设备等两项补助中的一项。

附件 2

河南好（放心）粮油（主食）加工企业补助资金申请情况汇总表

<table>
<tr><td rowspan="5">企业信息</td><td colspan="2">企业名称</td><td colspan="4"></td></tr>
<tr><td colspan="2">企业地址</td><td colspan="4"></td></tr>
<tr><td colspan="2">企业所有制性质</td><td></td><td colspan="2">信用等级</td><td></td></tr>
<tr><td colspan="2">企业资产（万元）</td><td></td><td colspan="2">年业务收入（万元）</td><td></td></tr>
<tr><td colspan="2">年利润总额（万元）</td><td></td><td colspan="2">资产负债率（%）</td><td></td></tr>
<tr><td>申请设备购置补助信息</td><td colspan="2">设备购置总额（万元）</td><td></td><td colspan="3"></td></tr>
<tr><td>申请贴息资金信息</td><td>贷款总额（万元）</td><td></td><td>支付利息总额（万元）</td><td></td><td>按央行基准利率计算利息总额（万元）</td><td></td></tr>
<tr><td>县级粮食部门审核意见</td><td colspan="2">（盖章）
年 月 日</td><td>县级财政部门审核意见</td><td colspan="3">（盖章）
年 月 日</td></tr>
<tr><td>省辖市粮食局审核意见</td><td colspan="2">（盖章）
年 月 日</td><td>省辖市财政局审核意见</td><td colspan="3">（盖章）
年 月 日</td></tr>
</table>

附件 3

河南好(放心)粮油(主食)加工企业补助资金申请情况明细表

企业名称(章):

序号	放贷银行名称	贷款合同号	贷款日期及期限		贷款详细情况					按央行基准利率计算利息(万元)
			年 月 日至 年 月 日	计息天数	资金用途	贷款金额(万元)	利率(%)	付息凭证号	支付利息(万元)	
1										
2										
3										
4										
5										
6										
7										
8										
9										
10										
11										
12										
合计	/	/	/	/	/		/	/		

说明:每个申报补助资金的企业都必须将银行贷款明细逐笔填写此表,表中填写的明细顺序要与申报材料中的合同、付息付款凭证等佐证材料顺序一致。

附件 4

河南好(放心)粮油(主食)加工企业补助资金申请情况明细表

企业名称(章):

序号	设备名称	设备用途	供货商名称	合同号	发票日期 (年 月 日)	购置设备金额 (万元)
1						
2						
3						
4						
5						
6						
7						
8						
9						
10						
11						
12						
13						
14						
合计	/	/	/	/	/	

说明:每个申报补助资金的企业都必须将购置设备明细逐笔填写此表,表中填写的明细顺序要与申报材料中的合同、发票等佐证材料顺序一致。

附件5

河南好（放心）粮油（主食）加工企业补助资金申报材料编制格式

第一部分　申请表

企业申请资金情况汇总表（附件2）
企业申请资金情况明细表（附件3或附件4）

第二部分　基本情况

企业基本情况

第三部分　贴息依据

企业与银行签订的贷款合同、借据和付息凭证复印件

第四部分　补助依据

企业与设备供应商签订的购买合同、付款凭证、购置发票复印件及设备照片

第五部分　证明材料

一、营业执照、生产许可证等相关证件
二、现场核查报告
三、上年度财务审计报告
四、其他证明材料
五、材料真实性承诺

备注：现场核查报告由地方粮食、财政部门现场核查后出具。

河南省2019年度“中国好粮油”之“示范县”申报指南

为切实做好全省2019年度“中国好粮油”之“示范县”申报工作，根据《河南省粮食和物资储备局　河南省财政厅关于印发“优质粮食工程”实施方案的通知》（豫粮〔2017〕7号）精神，特制定本指南。

一、申报条件

（一）处于优质粮油优势生产、加工区，具备良好加工环境和发展潜力；

（二）具备较好的粮油规模化种植、加工发展基础和产后服务能力；

（三）具有较好的优质粮油加工、销售和区域公共品牌建设基础；

（四）县（市、区）人民政府高度重视，实施方案目标明确，措施可行，具有可操作性及创新引领作用；

（五）拥有一至若干个大型粮油加工龙头企业及省内外知名品牌；

（六）实施方案目标明确，措施得力；

（七）2017年度和2018年度“中国好粮油”行动计划示范县，除国家级贫困县外，原则上不再申报；

（八）重金属污染耕地防控和修复等农村环境问题突出的县不再申报；

（九）县（市、区）人民政府拟与1～2家河南好粮油加工企业或河南放心粮油加工企业签订示范企业建设协议，示范企业条件设置合理，符合资金支持方向，能够实现本地区农民优质粮油种植收益提高20%以上、粮油优质品率提升30%以上等建设目标。

（十）示范企业同时具备以下条件：

1. 近三年企业产品产量、产值、销售额、利税等主要指标在全省同行业位居前列，具有注册商标和品牌；

2. 企业资产负债率一般应低于60%，有银行贷款的企业，近两年内无不良信用记录；

3. 企业总资产报酬率应高于现行一年期银行贷款基准利率；

4. 产品质量、科技含量、新产品开发能力等，在全省同行业中处于领先水平，或是具有特色生产和营销方式；

5. 管理科学规范，近三年未发生重大质量安全、违法经营事件及安全生产事故；

6. 以基地建设促进优质粮油发展，总体规划可行，目标明确，措施具体，示范带动作用明显，申报资金符合支持方向，能够落实企业自筹资金。

二、申报程序

（一）推荐申报

由符合条件的县（市、区）人民政府自愿提出申请，编制申报材料，省辖市粮食、财政部门审核、筛选、推荐，并联合正式行文请示，于2月20日前向省粮食和物资储备局、省财政厅申报。每个省辖市原则上只能推荐申报一个示范县（市、区）。符合条件的省直管县（市）人民政府直接向省粮食和物资储备局、省财政厅提出申请。

申报材料包括：

1. 省辖市粮食、财政部门审核、筛选、推荐意见及申报请示。

2. 县（市、区）人民政府正式申请文件、全县基本情况（重点是粮油加工业情况，详见附件1）；2019年度示范县实施方案、资金需求、资金用途、推进措施；拟与示范企业签订的建设协议；能够实现本地区农民优质粮油种植收益提高20%以上、粮油优质品率提升30%以上建设目标的政府承诺等。

3. 县域示范企业基本概况（详见附件2）、截至2018年底的企业情况（包括企业资产规模、员工总数、基地建设、原料收购、年加工生产能力、日处理原料能力，产品销售区域、网点建设、2018年完成的主要产品产量、工业总产值、销售收入、净利润等信息）、营业执照复印件、生产许可证复印件、银行信用等级评定证明、上年度会计师事务所出具的年度财务审计报告、未来三年企业规划、企业对上报所有资料真实性的承诺、实施方案、资金需求、资金用途、推进措施。

（二）组织评审

省粮食和物资储备局、省财政厅将规范抽取和联合组织专家对申请好粮油示范县（市、区）进行评审；根据评审情况确定拟支持的示范县（市、区）名单；公示无异议后，拨付财政补助资金。

三、资金用途

示范县专项资金由示范县（市、区）人民政府统筹使用，专项用于支持示范企业发展和优质粮油调查统计、品质测评、测报，优质粮油宣传及公共品牌创建，产后科技服务公共平台建设等。支持示范企业发展的资金，主要用于企业2019年度以下几个方面的资金补助：

（一）示范企业按照优质优价原则对优质粮油原料进行市场化收购和产品销售等方面的补助；

（二）示范企业为扩大优质粮油产品生产而开展的技术改造、生产或检化验设备购置、研发中心建设等方面的补助，优质粮油产品研发及科技创新奖补；

（三）示范企业建设“好（放心）粮油（主食）配送中心”补助；

（四）示范企业建设“好（放心）粮油（主食）便民店（超市）”补助；

（五）示范企业开展优质粮油宣传补助；

（六）示范企业建设优质原粮基地补助。

四、申报工作要求

各市、县财政和粮食部门要在地方政府的统一领导下，加强沟通协调，分工负责，扎实做好各环节的工作。各地各单位务必实事求是，严禁弄虚作假，套取财政资金。对弄虚作假的地区和企业，一经查实，除收回补助资金外，对涉及违纪违规违法的人员由相关部门严肃处理。为确保“中国好粮油”行动计划顺利实施，各地各单位要按时报送相关材料。不按时报送的视同自动放弃。

附件：1. 申请示范县（市、区）基本情况表
　　　2. 申请示范企业基本情况表
　　　3. 示范县（市、区）申报材料编制格式

附件 1

申请示范县(市、区)基本情况表

单位：　　　　　　县(市、区)人民政府

	种植面积(万亩)	2018年总产量(万吨)	加工能力(万吨/年)	2018年实际加工量(万吨/年)	2018年实现产值(万元)	中央、省财政资金申请额(万元)	自筹资金承诺数(万元)	备注
合计								
一、粮食						—	—	
优质小麦						—	—	
优质稻谷						—	—	
杂粮						—	—	
二、油料						—	—	
花生						—	—	
芝麻						—	—	
其他						—	—	
县(市、区)人民政府申请意见	(盖章) 年　月　日		省辖市粮食局推荐意见	(盖章) 年　月　日		省辖市财政局推荐意见	(盖章) 年　月　日	

附件2

申请示范企业基本情况表

填报单位：　　　　　　县(市、区)人民政府

	企业全称	信用等级	企业资产（万元）	年加工能力（万吨/年）	年销售额（万元）	年总产值（万元）	年利润额（万元）	资产负债率（%）	品牌名称	商标类型	主营产品
示范企业甲											
县级粮食部门意见			（盖章） 年　月　日	县级财政部门意见			（盖章） 年　月　日	县(市、区)人民政府意见			（盖章） 年　月　日
示范企业乙											
县级粮食部门意见			（盖章） 年　月　日	县级财政部门意见			（盖章） 年　月　日	县(市、区)人民政府意见			（盖章） 年　月　日

附件3

示范县（市、区）申报材料编制格式

第一部分　申请文件

一、示范县（市、区）人民政府正式申请文件（文件中要明确作出实现本地区农民优质粮油种植收益提高20%以上、粮油优质品率提升30%以上等建设目标的承诺）

二、省辖市粮食、财政部门联合推荐文件（省直管县除外）

第二部分　基本情况

一、基本情况表（附件1表格）

二、基本情况概述

三、粮食生产情况

四、粮油加工业情况

第三部分　实施方案

一、总体目标

二、主要任务

三、实施计划

四、资金需求

五、资金用途

六、推进措施

重点是实现本地区农民优质粮油种植收益提高20%以上、粮油优质品率提升30%以上等建设目标的措施

第四部分　证明材料

拟与示范企业签订的建设协议书

河南省2019年度“中国好粮油”之“示范县”评审办法

为切实做好全省2019年度“中国好粮油”之“示范县”及“省级示范企业”评审工作，根据《河南省粮食局　河南省财政厅关于印发“优质粮食工程”实施方案的通知》（豫粮〔2017〕7号）和《河南省粮食和物资储备局　河南省财政厅关于印发河南省2019年度“中国好粮油”之“示范县”申报指南的通知》（豫粮文〔2019〕19号）要求，特制定本评审办法。

一、评审原则

2019年度“中国好粮油”之“示范县”评审工作坚持公正、公平、择优、扶强原则，通过逐级上报、专家评审的方式，确定示范县拟支持名单。

二、评审程序和办法

（一）审核推荐

各省辖市粮食和物资储备局、财政局负责对申报示范县（市、区）人民政府的申报材料进行审核，出具审核推荐意见，上报省粮食和物资储备局、省财政厅。省直管县（市、区）人民政府的申报材料，直接上报省粮食和物资储备局、省财政厅。

（二）专家评审

省粮食和物资储备局、省财政厅组织专家评审会，对各省辖市粮食和物资储备局、财政局推荐的县级人民政府和省直管县（市）人民政府的申报材料，由专家按照百分制进行评审。其中，县级人民政府情况占50分，企业情况占50分。

1. 评审专家组成。从“河南省财政厅专家库”中抽取财务专家1名、粮油加工与食品工程专家4名、粮食流通仓储设施建设专家1名、粮食质检及食品检验专家1名，共同组成评审小组，并由全体评审成员选举产生组长1名。

2. 评审要求。按照本评审办法规定，对示范县申报材料进行审查，评价是否符合申报条件。

3. 评审结果。根据评审、打分情况，评审小组提出拟确定示范县（市、区）名单，与示范县（市、区）人民政府签订建设协议的企业同时拟确定为该县（市、区）的示范企业。对拟确定为示范县的县级人民政府申报材料，进行建设方案可行性、资金使用合理性等方面的评审，出具评审意见。经公示无异议后，确定示范县（市、区）和示范企业。县级人民政府根据专家评审意见，修改完善建设方案后组织实施。

（三）评分标准

1. 示范县基本情况 50 分。其中，全县概况 5 分；重视程度 10 分；粮食产量情况 5 分；粮油加工业情况 10 分；建设规划 5 分；主要措施 10 分；资金使用合理性 5 分。

2. 示范企业基本情况 50 分。其中，企业概况 5 分；产能、销售及利润、利税情况 10 分；信用等级及负债情况 5 分；品牌及荣誉情况 5 分；发展规划 5 分；实施方案制定合理性 20 分。若示范县（市、区）拟与两个企业签订建设协议，则综合两个企业的情况，进行打分。

三、评审纪律

2019 年度“中国好粮油”之“示范县”评审实行回避制度，评审组成员对与自己有利害关系的企业应主动提出回避，不得同任何与评审结果有利害关系的人或单位进行私下接触，不得收受申报企业、中介人、其他利害关系人的财物或者其他好处，不得对外透露与评审有关的情况。任何单位和个人不得干扰评审工作。

附件：1. 示范县评分标准

2. 示范县评分表

附件 1

示范县评分标准

类别	分值	指标	分值	评分标准
示范县基本情况	50 分	全县概况	5 分	根据全县优质原粮生产、粮食产后服务能力和优质粮油加工、销售、品牌建设等基础情况,酌情给分
		重视程度	10 分	根据是否成立领导小组、县政府重视程度等情况,酌情给分
		粮食产量情况	5 分	根据全县粮食产量情况打分,超级产粮大县得 5 分,产粮大县得 3 分,其他县得 1 分
		粮油加工业情况	10 分	根据全县粮油加工业总产值在所有申报县的位次打分,第 1 名得 10 分,名次每降低 1 位,扣 1 分
		建设规划	5 分	根据全县“中国好粮油”行动计划建设规划,酌情给分
		主要措施	10 分	根据全县“中国好粮油”行动计划建设推进措施,特别是推进本地区农民优质粮油种植收益提高 20% 以上、粮油优质品率提升 30% 以上的主要措施情况,酌情给分
		资金使用合理性	5 分	根据专项资金使用是否符合规范、合理,是否具有可操作性等情况,酌情给分
示范企业基本情况	50 分	企业概况	5 分	根据企业规模、发展方向、发展前景、企业知名度等情况,酌情给分
		产能、销售及利润、利税情况	10 分	根据企业产能、年销售额、年利润和年利税等情况,酌情给分
		信用等级及负债情况	5 分	根据企业信用等级、负债总额和负债率等情况,酌情给分
		品牌及荣誉情况	5 分	根据企业品牌、荣誉等情况,酌情给分
		发展规划	5 分	根据企业发展规划合理性、可操作性等情况,酌情给分
		实施方案合理性	20 分	根据实施方案制定是否合理,方向是否符合要求,能否达到预期等情况,酌情给分

附件 2

示范县评分表

参评县（市、区）名称：　　　　参评企业名称：

类别	分值	指标	分值	得分	专家签名
示范县基本情况	50 分	全县概况	5 分		
		重视程度	10 分		
		粮食产量情况	5 分		
		粮油加工业情况	10 分		
		建设规划	5 分		
		主要措施	10 分		
		资金使用合理性	5 分		
示范企业基本情况	50 分	企业概况	5 分		
		产能、销售及利润、利税情况	10 分		
		信用等级及负债情况	5 分		
		品牌及荣誉情况	5 分		
		发展规划	5 分		
		实施方案合理性	20 分		
总得分					

评审组长签字：

十三五规划篇

河南省粮食行业“十三五”发展规划

前　言

河南省是农业大省、粮食大省，粮食资源丰富，全省粮食总产量屡创新高，连续多年居全国首位，用占全国6%的耕地生产了全国10%左右的粮食，不仅解决了河南近亿人口的吃饭问题，每年还调出近2000万吨的原粮及加工制品，河南粮食形势的好坏，事关全国粮食安全。

河南省委、省政府高度重视粮食安全，积极贯彻落实粮食安全省长责任制，守住管好“天下粮仓”，做好“广积粮、积好粮、好积粮”三篇文章，着力推进粮食流通工作，粮食行业各项工作取得显著成效，有效促进了粮食增产、粮农增收及粮食市场供应稳定，为保障国家粮食安全作出了突出贡献。

“十三五”时期是全面建成小康社会的决胜阶段，是河南基本形成现代化建设大格局、让中原更加出彩的关键时期，也是全省粮食流通改革发展、转型升级的关键时期。编制全省粮食行业“十三五”规划具有十分重要的指导意义和现实意义。本规划依据《河南省国民经济和社会发展第十三个五年规划纲要（2016～2020年）》《国家粮食安全中长期规划纲要（2008～2020年）》《国家粮食行业“十三五”发展规划纲要（2016～2020年）》《河南省粮食收储供应安全保障工程建设规划（2013～2020年）》等文件精神进行编制。

第一章　发展形势

第一节　发展现状

“十二五”时期，面对复杂形势和艰巨任务，在省委、省政府的正确领导下，在国家粮食局的帮助指导下，全省粮食行业深入学习贯彻习近平总书记系列重要讲话，认真贯彻落实中央和省委、省政府一系列重大决策部署，紧紧围绕中原崛起河南振兴富民强省总目标，加快发展现代粮食流通产业，提高粮食宏观调控能力，全面完成“十二五”规划确定的主要目标任务。

一、粮油市场基本稳定

认真执行国家粮食收购政策，推动各类市场主体依法开展粮食收购，切实维护农民利益和市场秩序。“十二五”期间，全省按最低收购价收购小麦8866.5万吨、稻谷291万吨。积极组织粮食企业参与最低收购价小麦、稻谷公开竞价销售，最低收购价小麦、稻谷陆续拍卖销售。

优化省级储备粮布局和品种结构，全面完成国家下达我省地方储备粮规模指导性计划。加强省级储备粮管理，建立省级储备粮代储企业数据库。扎实做好军粮省级统筹采购、统一供应结算工作。

建立覆盖全社会粮食流通统计网络，将重点非国有粮食企业纳入统计范围，实现数据网上直报，满足粮食市场监测需求。应急网点城乡全覆盖，粮食应急保障体系基本形成。全省粮食应急供应网点1045个，粮食应急加工企业265个，省级粮食应急运输企业1个，市场预警监测直报点28个、省级监测点41个，省级以下监测点130个。

二、收储能力显著提升

全省粮食仓储设施、物流设施、仓房维修改造共投资40亿元，新增安全储粮仓容298亿斤。新建和维修粮库达到上不漏、下不潮、能通风、能密闭的安全储粮要求，发生粮情异常变化时能及时处理，机械化作业水平明显提高，库容库貌明显变化，仓储条件明显改善，收储能力明显提升。全省形成“布局合理、功能完善、运转高效、管理科学”的现代粮食仓储体系，为保证国家粮食安全、增强宏观调控能力奠定坚实基础。

三、粮食产业跨越发展

筹集商品粮大省奖励资金3.33亿元，对279个主食产业化和粮油深加工企业给予贴息支持，带动222个主食产业化项目投资291.6亿元。全省粮油加工转化率从70%提高到81.5%，主食产业化率从不足15%提高到32%，全省主食产业化和粮油深加工企业总产值从640.2亿元提高到1597.1亿元，培育出三全、思念等157家龙头企业。

四、依法治粮成效明显

改善检化验和办公条件，粮油检测能力不断提高。全省新增质检机构20个，省级检测中心和19个省辖市、县级监测站获国家粮食局授权挂牌国家粮食质量监测机构。中央、省财政投资6490万元，用于20个全国粮食质量安全检验监测能力建设项目购置检验检测仪器设备。

加强法治宣传教育，完善法治体系建设，依法管粮深入推进。配合国家粮食局等部门做好《粮食法》立法调研工作。加强粮食收购资格管理，全省粮食收购许可经营者7350家。强化监督检查，维护粮食收购市场秩序，复查粮食数量近2500万吨。加强区域粮食执法合作，建立苏鲁豫皖四省联合执法合作联席会议制度。启动粮食企业经营活动守法诚信评价试点，推进粮食流通监督检查示范单位创建活动。

第二节　面临机遇和挑战

“十三五”时期是粮食行业落实“四个全面”战略布局、保障国家粮食安全、加快现代粮食流通产业发展、推进粮食经济持续健康发展大有作为的重要战略机遇期。

从国际环境看。随着经济全球化和贸易自由化纵深推进，“一带一路”等国家对外开放战略加快发展，国内外粮食市场关联度越来越强，加速融合已成必然，为我国粮食行业结构转型和快速发展带来空前机遇。

据联合国粮农组织预测，“十三五”期间全球谷物产量、库存量将继续保持较高水平。我国粮食生产成本随着物资、劳动力和土地成本不断提高而持续走高，国内粮食价格普遍高于国际粮食价格，粮食生产与国外主要粮食生产国相比，已经缺乏竞争优势。国际粮价不断走低和进口粮食不断增加，为我国粮食行业稳定发展带来前所未有的冲击。

从国内环境看。截止“十二五”末，粮食生产实现“十二连增”，综合生产能力稳定在较高水平。国家发改委、国家粮食局、财政部深入推进“粮安工程”，支持地方加快粮食仓储、现代物流体系和信息化建设，为夯实粮食收储供应安全保障基础提供资金和政策支持。国内粮食库存充足，粮食安全基础较为牢固，加之农业经营方式深刻变革，粮食适度规模经营加速推进，城镇化步伐加快，城乡居民消费结构加快升级，多元化、个性化、定制化粮油产品需求快速增加，为粮食产业经济提供了重大发展机遇。

国内玉米和稻谷阶段性过剩特征明显，大豆产需缺口继续扩大，供给侧和需求侧不对称矛盾仍较严重。粮食流通各环节发展不平衡不协调，物流成本高，信息化发展滞后，流通效率较低；粮食质量快速检验能力不足，污染粮食处置长效机制尚未建立；粮食应急保障水平不高，全天候快速响应能力较弱等，制约了粮食资源快速集散、高效配送、顺畅流通。粮食收储与加工脱节，产业发展不协调，初级加工产能过剩，优质精深加工能力不足，粮食产业经济发展滞后，都是亟待解决的粮食产业供给侧改革难题。

从省内环境看，我省具有承东启西、连南贯北的区位优势和发达的公路、铁路综合粮食运输通道，为发展粮食现代物流提供了良好基础条件。河南工业大学、河南农业大学、省农科院等高校院所和思念、三全、兴泰等龙头企业，为我省粮食行业输出了大量的专业技术人才。为推进粮食产业实现跨越发展，省委、省政府在全国率先提出了大力推进主食产业化发展思路，支持以面米主食为主要内容的粮油精深加工产业发展。我省在粮食资源、交通区位、技术人才、市场需求和政策支持等方面，具有得天独厚的优势。

2011 年以来，全省粮食收储量逐年增加，销售不畅，粮食库存处于历史高位，危仓老库基数仍然较大，粮食行业信息化建设起步较晚，绿色科技储粮技术运用较少，安全储粮形势异常严峻、压力巨大。受人口多、自然灾害频发、资源环境约束日益加大、生产成本不断攀升、粮食需求总量刚性增长等因素制约，当前我省粮食生产和流通基础依然薄弱。粮食物流体系尚不完善，物流基础设施相对落后，物流行业总体技术水平和服务能力较低，服务能力尚难以满足粮食行业发展需求。粮食产业存在集聚程度较低、产能过剩、科技含量低、结构不合理、创新能力不强、缺少龙头企业等问题，粮食产业“十三五”期间调结构、促转型等方面压力较大。

“十三五”期间，全省粮食行业必须深刻认识新常态，正确分析粮食工作面临的新情况新问题，准确把握、妥善应对新机遇新挑战，更加奋发有为地开创粮食行业发展新局面。

第二章　指导思想、基本原则和主要目标

第一节　指导思想

深入贯彻党的十八大和十八届三中、四中、五中、六中全会精神以及国家粮食安全新战略要求，全面落实习近平总书记关于保障国家粮食安全系列重要论述和指示。紧紧围绕河南粮食生产核心区建设规划，按照李克强总理

守住管好“天下粮仓”，做好“广积粮、积好粮、好积粮”三篇文章讲话精神，解放思想、深化改革，牢固树立服务国家粮食安全的政治意识、责任意识和忧患意识，紧紧围绕发展粮食生产，做好粮食流通，服务中原经济区经济发展大局，统筹城乡经济社会协调发展，加强粮食流通与储存，促进农民增收，建设粮食经济强省。

第二节　基本原则

加强宏观调控。继续推进以市场化为取向的粮食流通体制改革，充分发挥市场配置资源的基础性作用，健全粮食市场调控机制。灵活运用多种手段，增强粮食宏观调控科学性、预见性、针对性、有效性。

促进协调发展。根据河南省经济和社会发展规划，与农业、工业、土地等规划相衔接，区分轻重缓急，有计划、分步骤稳步推进粮食行业发展。

提高创新能力。完善创新体系，改造传统粮食产业，推广低碳技术，发展绿色储粮和粮油深加工，减少粮食损失，促进全省粮食经济发展方式转变，推动粮食产业结构升级。

坚持以人为本。强化粮食质量安全监管，完善粮食标准与检验监测体系，保障城乡居民粮食质量安全，提高人民主食质量，确保粮油有效供给。

第三节　主要目标

“十三五”时期，河南粮食行业发展总体目标是：供给稳定、储备充足、调控有力、运转高效的粮食安全保障体系进一步完善；粮食宏观调控能力、仓储物流能力和科技支撑能力明显提高；法制建设、依法管粮全面实现；布局合理、结构优化、竞争有序、监管有力、质量安全的现代粮食流通格局基本形成。

全省粮食物流“四散”率提升至90%，完好仓容达到5500万吨，主食产业化率达到60%，省级储备粮规模达到100万吨（含成品粮油储备）。

粮食行业普法宣传教育机制进一步健全，法治宣传教育实效性进一步增强，依法治理进一步深化，粮食行业干部职工法治观念、依法办事能力和党员党章党规意识明显增强，形成粮食行业有法可依、粮食行政机关依法行政、粮食干部职工依法履职、粮食市场主体依法经营的法治氛围。

应急供应体系更加完善，应急处置能力明显增强，粮食质量安全监管体系基本健全，粮食质量安全风险监控机制初步建立，质量监管和检验技术水平大幅提高。

建立统一完善的粮食智能化管理网络，实现物联网、云计算等信息化技术在粮食流通领域广泛应用，粮食流通信息服务体系基本健全，粮食电子商务水平明显提高，粮食行业信息化标准体系基本完善。

建立粮食产后服务体系，引导农户改善粮食收获后的储藏和处理条件，实现全省农户减少粮食产后损失2%左右。

第三章 改革完善粮食宏观调控

落实国家粮食收储制度，健全市场调节机制，提升应急保障能力，促进粮食生产稳定发展，确保粮食市场供应和价格基本稳定。

第一节 健全粮食调控机制

构建政府调控与市场调节相结合的调控体系，建立健全政府主导、企业参与的粮食安全调控机制，充分发挥骨干粮食企业在粮食收购、加工转化及市场供应等方面的调控作用。

扎实开展全社会粮食流通统计工作，适度扩大统计范围，重点提高统计数字质量，掌握全省粮油生产、消费、库存、价格等基本情况。开展粮油供需平衡调查，分析预测区域粮油形势发展趋势，适时适度采取调控措施。探索多部门联席会商机制。加强市场粮情监测预警预报，及时研判市场供求形势，稳定和完善粮食信息网络体系。建立粮食供求信息发布制度，合理引导粮食生产和消费，促进粮食供求基本平衡、粮食市场价格基本稳定。

深化粮食产销合作，完善粮食产销合作长效机制，搭建产销合作平台。积极探索产销区合作新途径、新方式，逐步拓展合作领域，提升合作层次，推动产销合作关系持续、稳定发展，促进粮食总量、品种结构和区域供求基本平衡。

第二节 落实粮食购销政策

继续做好国家小麦、稻谷最低收购价等政策落实，探索小麦、稻谷等主要粮食品种优质优价收储办法，保护农民利益。采取有效措施，强化收购市场管理，督促粮食企业认真执行粮食购销政策，积极入市收购，满足售粮农民需要。加大对政策性粮食收购和销售出库环节监督管理，确保国家粮食购销政策落到实处。引导、支持各类市场主体依法从事粮食购销活动，重点支持一批实力较强的粮食收储龙头企业，成为平衡粮食总量、稳定市场粮食价格、抵御国内外市场风险的主导力量。扶持国有大型粮食集团带动中小粮食企业发展，培育和规范粮食经营者购销行为，完善粮食购销网络，进一步搞活粮食购销活动。

第三节　完善地方粮食储备体系

优化储备粮油品种结构，充实粮油储备规模和应急成品粮油储备，增强市场调控能力。完善储备粮管理制度，规范管理行为，提高管理水平，合理调整储备粮油区域布局，保障省级储备粮油储存安全。修订完善《河南省储备粮管理办法》，探索并建立省级储备粮油垂直管理体系，健全储备粮油轮换机制，推进省级储备粮油轮换通过粮食交易市场公开竞拍，提升储备粮油轮换的宏观调控效力。

第四章　提高粮食行业依法治理能力

健全粮食行业普法宣传教育机制，增强法治宣传教育实效性。深化依法治理，提升干部职工法治思维和依法办事能力。提高粮食流通法治化水平，努力形成粮食行业有法可依，粮食行政机关依法行政、干部职工依法履职、市场主体依法经营的法治氛围。

第一节　加强法治宣传教育

结合粮食行业实际，扎实开展粮食法治宣传教育。创新工作理念，加强法治宣传教育队伍建设，保障经费，强化督导检查，坚持服务粮食流通中心工作，确保普法工作实效。增强粮食行政机关领导干部尊法学法守法用法意识和自觉。严格“谁执法谁普法”工作责任制，建立普法责任清单制度。

第二节　推进行政执法建设

充分认识新形势下推进服务型行政执法建设工作的重要性、必要性和紧迫性，深入做好粮食服务型行政执法建设工作。结合权力清单、责任清单、负面清单和规范行政审批行为，全面梳理公开服务事项，最大限度精简办事程序，改进服务质量。严格行政执法人员资格管理，完善行政执法程序和管理制度，加强对粮食行政执法行为监督。做好基层服务型行政执法调研，了解群众需求，认真落实《全省推进服务型行政执法建设四项工作制度（试行）》，鼓励和支持基层服务型行政执法方式、体系和制度创新。

第三节 强化流通监管效能

落实行政执法责任制，加强全社会粮食流通监管。强化政策性粮食收储、库存数量、质量、储存安全和粮食收购资格、购销政策、统计制度执行情况监督检查，实现监管规范化、常态化和制度化。完善省市分级负责，全省普查、随机抽查、专项和突击检查相结合模式，推广“双随机”监督抽查机制。加强基层粮食监督检查机构建设，推进层级完整的监督检查组织体系建设。建立粮食库存检查人员名录库、专业人才库，成立涉粮案件核查应急队伍，加强教育培训，提高检查队伍综合素质和专业水平。强化委托在地监管机制，探索第三方稽查力量参与各级储备粮监管。创新政策性粮食库存监管技术，提升粮食流通监管信息化、科技化水平。完善执法联动机制、异地协作制度，实现执法信息部门、区域共享。

第五章 改善粮食仓储物流设施

抓住“一带一路”发展机遇，重点建设省内散粮物流通道、节点，形成以区域性物流中心为龙头、一类库为重点、二类库为支撑、基层收储库为基础的河南粮食现代仓储物流体系，确立我省在黄淮海地区小麦输出通道上的主导地位和郑州在国家粮食物流体系中的中心枢纽地位。

第一节 仓储设施建设

提升粮食仓储设施功能和服务“三农”能力，支持政策性粮食收储企业、规模以上粮食加工企业和新型粮食生产经营主体提升现有粮库功能，重点建设150个一类大型粮库，300个二类粮库，600个骨干粮库和1200个重点收储库。拆除待报废仓和简易仓，利用原有土地资源，实施仓房原址改造1000万吨，新建420万吨，重建油罐20万吨。配备烘干、整理、快速检验和“四散化”作业等设备，提高粮食仓储设施机械化、自动化、信息化、智能化水平。积极推广应用绿色生态储粮技术。推进粮食仓储管理规范化建设，加强国有粮食仓储物流设施保护。

表 5-1　一类粮库布局

地区	主要布局区域	数量（个）
合计		150
郑州	新郑市、中牟县	4
开封	杞县、通许县、尉氏县、祥符区、兰考县	6
洛阳	孟津县、伊川县、偃师市、汝阳县、新安县、洛宁县、嵩县	9
平顶山	叶县、郏县、汝州	5
安阳	安阳县、汤阴县、滑县、内黄县、林州市	8
鹤壁	浚县、淇县	4
新乡	新乡县、获嘉县、原阳县、延津县、封丘县、长垣县、卫辉市、辉县市	11
焦作	博爱县、武陟县、沁阳市、温县、孟州市	7
濮阳	清丰县、南乐县、范县、台前县、濮阳县	7
许昌	长葛市、建安区、鄢陵县、襄城县、禹州市	7
漯河	舞阳县、临颍县、郾城区、源汇区	5
三门峡	灵宝市、陕县、渑池县	4
南阳	卧龙区、邓州市、宛城区、南召县、方城县、西峡县、镇平县、内乡县、社旗县、唐河县、新野县、桐柏县	13
商丘	梁园区、虞城县、睢阳区、民权县、宁陵县、睢县、夏邑县、柘城县、永城市	12
信阳	浉河区、息县、淮滨县、平桥区、潢川县、光山县、固始县、商城县、罗山县、新县	11
周口	扶沟县、西华县、商水县、太康县、鹿邑县、郸城县、淮阳县、沈丘县、项城市	12
驻马店	驿城区、确山县、泌阳县、遂平县、西平县、上蔡县、汝南县、平舆县、新蔡县、正阳县	12
济源	济源市	1
省属企业	中原粮食集团、豫粮集团、河南省粮食交易物流市场、省军粮供应中心	12

表 5-2 二类粮库、骨干粮库和重点收储库布局

地区	二类粮库	骨干粮库	重点收储库
全省	300	600	1200
郑州	8	16	35
开封	12	24	50
洛阳	15	30	60
平顶山	10	15	30
安阳	20	40	80
鹤壁	9	18	35
新乡	30	60	120
焦作	10	25	50
濮阳	10	20	40
许昌	15	30	60
漯河	10	20	40
三门峡	8	16	30
南阳	25	50	100
商丘	30	60	120
信阳	25	50	100
周口	30	60	120
驻马店	30	60	120
济源	3	6	10

第二节 “黄淮海”物流通道节点建设

跨省粮食物流通道。根据我省粮食流量、流向，依托主要铁路和公路干线，形成5条跨省粮食物流通道，构建连接省内外产销、加工区的粮食物流通道网络体系。

1. 河南—华南粮食输出通道。省内粮食输出地主要为商丘、周口、开封、驻马店、信阳、南阳等市，省外粮食接收地为广东、广西及湖北、湖南等。

2. 河南—华北粮食输出通道。省内粮食输出地主要为商丘、新乡、开封、安阳、濮阳等市，省外粮食接收地为北京、天津、河北等。

3. 河南—华东粮食输出通道。省内粮食输出地主要为周口、商丘、开

封、濮阳等市，省外粮食接收地为上海、江苏、浙江、福建、山东等。

4. 河南—西南粮食输出通道。省内粮食输出地主要为南阳、驻马店、漯河等市，省外粮食接收地为四川、重庆、贵州、云南等。

5. 河南沿淮河、沙颍河、唐白河水运粮食输出通道。建设淮滨、周口、漯河、唐河等沿淮河、沙颍河、唐白河粮食专用码头，开辟粮食水运新通道。省内粮食输出地主要为周口、漯河、南阳、信阳等市，省外粮食接收地为上海、江苏、浙江等。

跨省粮食运输方式以铁路运输为主、内河运输为辅，南北方向主要通过京广、京九和焦柳等铁路线，东西方向主要通过陇海、宁西、新焦、新荷等铁路线及淮河、沙颍河、唐白河等水运线。

省内粮食物流通道。省内粮食流向主要由东、南、北三面向中西部地区，流通方式主要是汽车散装运输，依托省内高速公路、国道、省道及乡村公路构成的公路运输网，承担省内粮食主产区到销区和大型粮食加工企业的粮食运送。形成粮食主产区到粮食加工聚集区和省内粮食销区的物流网络，与跨省粮食物流通道互连互通，实现毗邻省份之间粮食余缺调剂和功能互补。

在粮食现代物流通道上，选择粮源充足、条件较好的中转库、储备库和大型粮食批发市场，新建中转仓容245万吨，新增装卸能力1362万吨/年。

第三节　粮食现代物流园区建设

结合我省粮油食品加工业发展形势，在郑州、开封、新乡、许昌、濮阳、周口、信阳、南阳、商丘等地区建设具有贸易、加工、储存、运输和信息服务等多功能综合性粮食现代物流园区，吸引粮食加工、储藏、运输及食品企业向园区转移和集中。实现粮食企业供应、加工、销售和物流一体化，构建粮食现代物流供应链。

加快粮食物流资源规模化、集约化步伐，推进重组整合，增强粮食物流企业竞争力。支持粮食物流企业通过租赁、联营等形式，与铁路、航运企业开展合作，优化粮食物流链条，构建跨区域、跨行业的粮食物流战略联盟。大力开展招商引资，鼓励优势企业开展跨地区、跨所有制的兼并重组，组建大型粮食现代物流企业集团。

整合中原粮食集团等粮食购销企业的物流资源，在郑州东部物流集聚区建设集粮食收购、储存、运输、交易、精深加工等综合性粮食现代物流园区。

第六章 提升粮食应急保障能力

进一步完善粮食应急预案，加强城乡粮食应急供应网点建设和维护，构建布局合理、设施完备、运转高效、保障有力的粮食应急供应保障体系。

第一节 增加粮食应急储备

按照“产区保持3个月销量、销区保持6个月销量”的要求，建立与中央储备粮相适应的省、市、县三级粮食储备体系。完善储备粮油轮换办法，建立省级储备粮与中央储备粮补贴费用联动机制。充实成品粮应急储备，确保大中城市和价格易波动地区成品粮储备达到10～15天市场供应量。在郑州、洛阳两市建设10万吨成品粮油低温储备库及附属设施，提升成品粮应急供应和市场调控能力。

第二节 提高应急加工配送水平

按照“合理布点、全面覆盖、平时自营、急时应急”原则，完善粮食应急网点布局，改造、维修、扩充供应网点，加强大中城市及重点地区应急供应设施建设和维护。选择246家达到应急配送条件的粮食加工企业，委托其承担粮食应急供应任务。落实粮食应急加工企业扶持政策和资金支持，改扩建粮食加工生产线，加大配套设施投入和技术改造，满足应急加工需要，保障粮食应急加工能力满足辖区内口粮需求。以现有成品粮油批发市场、粮油物流配送中心、国有粮食购销企业中心库、骨干军粮供应站（配送中心、储备库）、重点骨干应急加工企业等为依托，改造建设515家粮食应急配送中心，完善应急运输等保障设施，提升粮食应急配送能力。

第三节 完善粮食应急体系

加强粮食市场监测预警，适当扩充和调整监测网点，不断完善监测预警网络，确保粮情监测全面、及时、准确，满足粮食应急需要。加强粮食应急供应网点管理，建立网点档案和数据库，完善设施，健全制度，提高应急功能。强化贫困地区、退耕还林还草地区、休耕轮作试点地区、重大工程移民地区等缺粮地区粮源筹措和供应，满足贫困人口和困难群体口粮供应。推进军民融合式军粮供应发展，支持军粮供应站（点）与军方合作建设军粮应急保障基地。以省直属军粮供应站和郑州市军粮供应站为依托，建设国家级粮食应急保障基地，争取国家级成品粮油储备达到2万吨以上。

第七章　发展粮食产业经济

推进粮食行业供给侧结构性改革，提高安全优质营养健康粮油食品供给能力。加强粮食市场和信用体系建设，加快粮食产业结构调整，大力发展粮食电子商务，着力培育新的粮食产业经济增长点，提升粮食产业竞争力。充分发挥粮食加工业引擎作用，发展壮大粮食产业化龙头企业。

第一节　深入推进主食产业化

充分发挥我省粮油资源优势，做大做强做优粮食加工企业，打造粮食产业集群，构建从田间到餐桌全产业链的主食产业化和粮油精深加工发展模式。加大财政和金融信贷支持力度，建立主食产业化和粮油精深加工发展基金，落实财政贴息和税费优惠政策，实现粮食经济跨越发展。

全省工业化主食产量和产值分别达到3870万吨和3110亿元，年产值10亿元以上的主食产业化集群总数达到50个以上，主食产业化率达到60%以上。建成日产30万个馒头和日产5万公斤面条的项目各100个，建成日产5万公斤速冻、方便食品项目60个，米制熟食品项目30个，建成日处理能力500吨以上的主食用预拌粉厂28个，馒头加工设备总产量达到400套，鲜湿面条生产设备总产量达到200套，新建1个国家级、10个省级面米制品主食工程（技术）研究中心、重点实验室和检测中心。

第二节　提升粮食加工产业市场竞争力

推进主食产业集群和粮油加工园区建设，鼓励主食加工企业与主食设备生产企业、粮食购销和物流企业、质检机构等开展联合协作，共同打造以粮食收储、加工、物流配送为一体的主食产业化集群。支持粮油加工企业进一步拉长产业链条，拓宽经营门路，促进“产购储加销”全产业链一体化发展。加快粮食品种结构调整步伐，支持粉厂、米厂等，适应主食馒头、面条和速冻、方便食品的加工需要，调整自身产品结构。鼓励粮食加工企业建立优质粮源基地，走“公司+中介+基地+农户”的经营模式，探索开展定向投入、定向服务、定向收购和订单生产、土地流转、创办粮油合作社等业务。

引导粮油加工企业由做产品向做品牌转变，培育一批拥有自主知识产权、核心技术和较强市场竞争力的知名品牌。推进品牌整合，扩大知名品牌市场占有率，提升企业核心竞争力。发挥粮油品牌扩散效应和产品聚合效应，整合商标资源，优化产业结构，打造强势品牌，形成产品系列，提高产品档次，提高商标知名度。充分利用媒体和会展推介品牌，不断提高河南粮油品牌的知名度和美誉度，发挥其在推进主食产业化进程中的示范带动与引领作用。

第三节 完善零售市场体系建设

加快制定粮食零售市场管理办法，规范粮食零售市场管理，健全粮食零售经营者诚信档案制度，保障零售市场粮食质量安全。大力实施“放心粮油”工程，深入开展“放心粮油”进农村、进社区活动，确定515个大中城市粮油超市、便民连锁店，330个城镇粮油连锁店，2123个农村粮油超市、连锁店，方便城乡居民生活，提高口粮质量安全水平。

第四节 大力发展粮食电子商务

以省粮食交易物流市场电子交易平台为依托，大力发展粮食电子商务。建立和完善交易规则，加强电子交易网络平台、第三方交易平台、物流服务平台、信息服务平台和金融服务平台建设，不断提升传统交易功能、价格信息发现功能和现货投资或套期保值功能，增加交易品种，逐步形成服务功能齐全、交易规则健全、交易方式多样、配套服务完善、网络安全可靠的粮食电子商务系统。

第五节 推进粮食行业信用体系建设

结合粮食行业实际，以企业履约履责能力、诚信经营情况为重点评价目标，对法人企业进行信用评价，建设涵盖粮食收储、加工和贸易企业的粮食行业信用体系，实施分类服务和管理。依托粮食行业信用信息管理系统，归集企业经营管理基础信息、政府部门监管信息、社会舆情信息等，与全省信用信息共享平台实现互联共享。与发改、工商、金融等部门和单位，以及地方政府、行业组织建立信用管理合作机制，促进信用信息共享。探索开展独立核算经营主体履约履责能力、诚信经营情况评价，建立不良信用清单，记录企业违规违约失信等不良信息，建立健全激励守信和惩戒失信机制。发挥粮食行业协会、商会、第三方征信机构等社会组织在粮食行业信用体系建设中的自律、监督、服务等作用。为政府实行分类监管、定向扶持、定向调控提供可靠依据，提高行业管理工作水平和效率。面向社会公众提供企业信用信息查询服务，并接受社会监督。

第八章　保证粮油质量安全

健全粮食质量安全监管体系，完善粮食检验监测机构与粮食质量安全风险监测网点，提升仪器设备装备水平，改善配套基础设施，建立粮食质量安全风险监控机制，增强应急处置能力，提高质量监管和检验技术水平，切实保障粮油质量安全。建成粮食检验监测机构129个，其中：省级检验监测机构1个，市级检验监测机构28个，县级检验监测机构100个。建成国有粮食收储企业和大型粮油产品生产加工企业检化验室1550个，其中：国有粮食收储企业1500个，大型粮油产品生产加工企业50个。

第一节　建设粮食质量安全检验检测体系

充分利用现有资源，加强粮食检验仪器设备配置和配套基础设施建设，满足新形势下粮食质量安全监管监测需要。制订粮食质量安全管理制度、监测计划和地方粮油标准。开展粮食质量卫生安全评价、抽查检验，加强粮食质量安全监管重点区域、重点环节、重点监管对象粮食出库强制检验。

第二节　建设粮食质量安全防控网络

建立粮食质量安全风险监测网点，形成省、市、县三级粮食质量安全风险监测网络。筹建省、市、县三级风险监测实验室，分别重点开展技术要求高的质量品质类、安全卫生类、转基因及新项目的监测，储存品质类、区域安全卫生类监测，采样监测。完善粮食监测采样点网络，实现农户、超市、连锁店、集贸市场、粮油批发市场、收储及加工企业全覆盖。

制定特殊污染粮食收购处置政策，研究加工新技术、新工艺，加大对污染程度较轻的粮食无害化处理力度。选择符合条件的酒精、生物化工等粮食加工转化企业定向收购消化区域性污染粮食，加强管理，封闭运行，防止污染粮食流入口粮和饲料市场。

第三节　建设粮油标准和安全追溯体系

加强粮油标准验证站、标准研究基础实验室、专用仪器设备评估中心和标准研究验证测试体系、标准后评估体系、标准后评估网络平台等建设，宣贯国家粮油质量标准，研究制定我省主食行业标准。建立粮食样品及品质数据资源库，推进企业标准化管理体系建设。

完善粮食市场准入制度，建立经营者主体数据库，实现主体资格在线验证查询。严格粮食出入库检验、储存和运输质量登记制度，利用粮食智能化管理平台，建立粮食质量数据库，实现粮食流通全程监控，质量追踪溯源。

第九章 实施科技兴粮战略

强化科技创新公共服务能力，促进科技服务粮食经济发展。发挥企业粮食科技创新主导作用，加快粮食科技创新突破和推广应用，为保障国家粮食安全提供技术支撑。

第一节 增强科技创新能力

围绕粮食生产核心区国家战略，聚焦粮食行业发展科技需求，以重点领域和关键环节为突破口，注重原始创新和集成创新相结合，发挥科技协同创新作用。加快在科学储粮、质量安全、节粮减损、现代物流、检验检疫、精深加工、健康消费、粮食信息化技术等关键核心技术和新产品新装备方面取得突破，提升粮食公共科技供给，推进粮食产业和产品向价值链中高端跃升。

第二节 加强科技成果转化

实施粮食科技成果转化行动，加强粮食科技成果与标准对接，建立粮食行业科技成果转化对接服务平台，广泛征集粮食企业技术难题和科技需求，开展粮食科技创新重要成果展示和供需对接、粮食科研机构与企业合作对接、粮食科技人才与粮食企业对接。落实国家科技成果转化激励政策，引导科研单位制定公平公正的科技成果转化收益分配制度。鼓励科技人员到企业兼任技术职务，落实科研人员转化激励政策。加强粮食科普宣传，推广应用粮食仓储、物流、加工新技术新设备。建立科技成果转化保障机制，探索科技成果转化多方共赢模式。

第三节 建设科技创新体系

加快粮食科技创新体系建设，建立以科技创新质量、贡献、绩效为导向的分类评价体系。健全粮食科技项目督导评估机制，促进科技成果落地。发挥高等院校学科交叉和科技人才优势，加强粮食产后、粮食质量安全、产业经济发展、节粮减损等领域科研基地建设，支持粮食科研院所及企业科研部门发展，夯实粮食行业科研基础。建立产学研用深度融合的粮食科技创新平台和“粮食产业科技专家库”，优化整合粮食科技创新资源，培育和集聚一批粮食科技创新优势团队。开展粮食行业科技特派员创新创业行动，建立面向农村、面向农民、面向企业的粮食科技服务新体系新模式。

第四节　充分发挥企业创新主导作用

支持企业自主创新，加大研发投入，建设技术中心，引导创新要素向企业集聚，增强企业创新动力、创新活力、创新能力。建立以企业为创新主体，促进科技成果高效转移转化的新模式。鼓励企业开展技术研发攻关，参与行业重大科研项目、标准研究等。推进粮食加工、粮机制造企业与高校、科研院所深入合作，形成人才培养、科技研发、生产制造、推广应用、研发改进相结合的产学研用循环体系，组建粮食产业技术创新战略联盟。

第十章　提升粮食行业信息化水平

加强信息基础设施和网络信息安全保障能力建设，强化信息共享、业务协同和互联互通，优化粮食信息化发展环境，完善粮食行业信息化标准，形成“技术先进、功能实用、运维简便、安全可靠、规范统一、运行高效”的粮食行业信息化体系，全面提升粮食行业信息化水平。推进信息化“1 + 1 +4”建设内容，重点实施省市智能化管理平台、1050 个粮库智能化升级改造、粮食交易中心和 18 个现货批发市场电子商务信息一体化平台、142 个重点粮食加工企业、30 个粮食应急配送中心信息化建设。

第一节　加强行业信息基础设施建设

推进涉粮信息资源汇聚共享，建立规范统一的省级信息化应用平台和数据资源池，形成安全高效、互联互通的现代基础设施网络。实施粮库智能化升级改造，推进粮食快速收储设备数字化升级，增强粮油仓储业务监管能力，提升粮食收储精细化管理水平。推动物联网、大数据、云计算、北斗导航定位等新一代信息技术在仓储物流领域应用与示范，提高仓储物流设施设备自动化、智能化和网络化水平，推进行业间信息相互融合。

第二节 提高行业信息资源利用水平

推进重点粮食加工企业信息化改造，促进粮油加工企业现代管理信息系统广泛应用，实现粮食加工业跨越发展。健全粮油市场信息监测网络，建立覆盖全产业链的动态监测体系，加强粮油市场监测和分析，提高监测信息的准确性和时效性。完善全省粮食统一竞价交易平台，推进粮食现货批发市场信息化建设，实现粮食交易中心、现货批发市场与国家、省级粮食信息化管理平台互联互通。加快构建粮食电子商务一体化体系，普及和深化电子商务应用。

第三节 推动行业管理信息化发展

整合行业信用信息资源，建设信用数据平台和信用信息服务平台，加快推进行业间信用信息互联互通，建成粮食经营者信用评价体系。推进粮食监督检查工作信息化，提升监督检查效率。加快建设粮食应急供应信息平台，完善应急监测、应急评估、辅助决策、资源管理、模拟演练、信息共享、信息发布等功能，提升粮食应急处置能力。出台粮食流通环节质量信息数据标准，实施质量检测装备信息化改造，提升粮食质量监测预警水平。建立质量追溯、执法监管、检验检测等数据共享机制，推进粮食质量安全追溯平台建设，实现粮食质量安全全程追溯。围绕政府治理、农户储粮、科技咨询、文化传播、融资服务等需求，利用互联网、大数据资源，创新服务模式，健全服务机制，实现行业服务的精准化、个性化。

第十一章 促进粮食节约减损

按照建设资源节约型社会的要求，实施从收获、收购、储存、运输、加工和消费全过程的节粮控制，减少粮食浪费和损耗。

第一节 减少粮食产后损失

建立和完善粮食产后服务体系，制定粮食产后服务制度措施。加快粮食出入仓和流通效率，保障农民售粮更便捷，降低粮食源头损失。探索代农储藏、加工市场化运作新模式，支持种粮大户、家庭农场、农民合作社等新型粮食生产经营主体配备清理、烘干设备和中转储存设施，减少粮食产后损失。

第二节　提升科技节粮水平

改进粮食收购、储运方式，增加粮食烘干设备，提高粮食机械化烘干能力，加快推广农户科学储粮技术，减少粮食储存、运输过程中的损失、损耗。采用新工艺、新设备和新技术，提高粮食加工技术水平及产品质量，倡导科学用粮，控制粮油不合理精细加工转化，提高粮食综合利用效率和转化水平。

第三节　推动消费环节减少浪费

加强爱粮节粮宣传教育，倡导爱粮节粮、营养健康的科学消费理念，抑制粮油不合理消费，引导城乡居民养成健康、节约的粮食消费习惯，促进形成科学合理的膳食结构，营造厉行节约、反对浪费的浓厚社会氛围。加强粮食文化建设，组织开展粮食节约专题宣传活动，大力提倡粮食节约，建立食堂、饭店等餐饮场所“绿色餐饮、节约粮食”的文明规范，积极提倡分餐制。

第十二章　保障措施与组织实施

实施“十三五”规划，必须在各级党委、政府领导下，全面落实粮食安全省长责任制，不断提高工作效能，最大限度地激发全行业积极性和创造性，形成上下齐心协力、共同落实的良好局面。

第一节　强化粮食安全责任

各级政府相关部门要切实承担起在粮食生产和流通方面的主体责任，明确职责分工，细化落实任务指标，密切协作，强化事前、事中和事后监督，合力推进《规划》实施。将《规划》目标落实情况纳入政府绩效考核体系，建立绩效考核机制。尊重粮食企业在市场中的主体地位，调动各类市场主体、社会组织在《规划》实施中的积极性。发挥行业协会等组织在政企沟通、信息收集、技术应用、标准推广等方面的积极作用，形成推动《规划》落实的强大合力。

第二节　加强协调指导评估

强化省市县、相关部门间对整体性、区域性等重要目标任务的统筹、协调，建立横向纵向协调联动机制，形成工作合力。建立综合规划与专项规划、区域规划、企业规划等密切衔接的规划体系。加强宣传引导，营造《规划》实施的良好舆论环境。完善评估、调整修订机制，将《规划》任务完成情况和效果，作为安排相关政策和资金支持的重要依据。适时对承担重点建设任务的市、县加强跟踪督促检查，每年对规划实施情况进行总结，开展规划实施阶段性评估，根据评估结果及时调整完善规划。

第三节　加大政策资金支持

建立健全粮食行业投入长效机制，落实信贷、融资等优惠政策。发挥政府投资引导作用，争取财政资金把粮食流通领域列为重点，积极调动社会资金参与粮食行业建设，推动粮食流通政策和资金整合。争取国家、省有关部门加大对粮食流通重点建设项目支持力度，引导地方政府根据本地区粮食行业重点任务目标合理安排资金。创新投融资机制，拓宽粮食流通基础设施建设和产业化发展的融资渠道，推广行业发展基金参与项目建设模式，降低粮食流通领域民间资本投资门槛，鼓励和引导多元市场主体参与粮食流通。发挥农业发展银行等政策性金融机构对粮食收储和流通基础设施建设的重要支持作用，争取商业性金融机构对粮食流通产业发展的资金支持。鼓励有条件的粮食企业通过上市、发行债券等方式，提高直接融资比重。完善省级粮食担保基金、储备粮轮换风险准备金使用机制，鼓励市县建立粮食担保基金、储备粮轮换风险准备金。

第四节　发挥专业人才作用

全面落实人才兴粮战略，实施更加积极的人才政策，加快粮食专业型人才培养和创新型人才开发，创新人才发展机制，激发粮食行业人才创新创造活力。建立产学研用相结合的粮食技术人才培养模式和产教融合、校企合作的专业技能人才培养模式，实施粮食行业百千万创新人才工程和高技能人才培养工程。培养和发现优秀粮食企业经营管理人才，实施粮食经纪人队伍培育工程。实施开放的人才引进机制，加大力度引进粮食行业急需紧缺人才。健全人才激励保障机制，建立人才向粮食行业、基层企业流动机制，加大对创新人才激励力度，建立以政府奖励为导向、用人单位和社会奖励为主体的人才奖励机制，打造适应粮食行业发展需要的高素质人才队伍。

第五节 落实重点目标任务

强化重点工程和项目支撑作用，抓住重点目标、关键环节、难点问题，优化结构，增强动力，化解矛盾，补齐短板，推动重要政策、重点工程和重大项目的落实。结合三年滚动投资计划，做好重点工程项目储备，促进工程和项目落地实施。加强粮食安全市县长责任制考核，圆满完成本《规划》各项目标任务。

河南省粮油加工业“十三五”发展规划

前 言

粮油加工业是粮、油从生产到消费全产业链的重要环节，是促进农民就业增收的重要渠道，与第一、第三产业联系紧密，在满足城乡居民粮食消费需求、保障国家粮食安全和全面建设小康社会中具有重要的战略地位。制定规划，落实措施，促进粮油加工业健康发展，对加快发展现代农业，完善现代食品工业体系，改善城乡居民生活具有重要意义。为贯彻落实《国务院关于印发国家粮食安全中长期规划纲要（2008 ~ 2020 年）的通知》（国发〔2008〕24 号）精神，充分发挥我省粮食资源优势，加强供给侧结构性改革，完善粮食加工体系，大力发展主食产业化，积极发展饲料工业，引导粮油加工业合理布局，推进产业升级，创新发展模式，指导粮油加工业有序、健康、持续发展，充分发挥粮油加工转化企业对整体粮食产业的带动作用，保障粮食供给安全，特制定本规划。

一、面临形势

（一）发展现状

近年来，粮油加工业作为保障军需民食的关键环节和粮食流通的重要组成部分，在各级党委、政府的高度重视与大力支持下，获得了长足发展。

1. 粮油加工业持续发展，规模产量不断增加

2015 年，全省日处理原料能力 100 吨以上工厂化粮油加工企业 915 家，常年粮食加工转化能力达 8037 万吨。实现工业总产值 1597.1 亿元，实现销售收入 1579.72 亿元，实现利润总额 48.59 亿元。其中，小麦粉产量 5325.43 万吨，占全国小麦粉总产量（14461.58 万吨）的 36.8%；挂面产量 232.21 万吨，占全国挂面总产量（620 万吨）的 37.45%；方便面产量为 357.79 万吨，占全国方便面总产量（1017.8 万吨）的 35.1%；速冻米面食品产量 351.42 万吨，占全国速冻米面食品总产量（528.256 万吨）

的 66.52%。

2. 龙头企业规模不断扩大，带动优势愈加显现

随着经济的发展和人民群众生活水平的不断提高，难以满足市场需求的小加工作坊逐渐被市场淘汰，大中型粮油加工企业通过发挥技术、资本等方面的优势，在激烈的市场竞争中改建、引进先进设备和工艺技术，扩大生产规模，增加生产品种，提高产品品质，推动了产业结构升级和产品结构调整，增强了市场竞争能力。2015 年全省日处理原料超过 1000 吨企业达 62 家，是 2010 年的 3.4 倍。

3. 开放型、多元化的粮油加工企业格局逐渐形成

通过近几年的深化改革和对外开放，我省以民营为主，国有、集体、民营、股份制、外资等多种所有制形式共同发展的粮油加工业新格局逐步形成。入统企业中民营企业共有 838 家，占 91.58%，国有企业 53 家，占 5.79%，外商及港澳台投资企业 24 家，占 2.62%。2015 年，国有及国有控股企业的粮油加工业总产值占全省粮油加工业总产值的 10.67%，外商及港澳台商投资企业的粮油加工业工业总产值占全省粮油加工业总产值的 7.89%；国有及国有控股企业小麦粉工业总产值占全省小麦粉总产值的 4.23%，外商及港澳台商投资企业小麦粉工业总产值占全省小麦粉总产值的 8.95%；国有及国有控股企业食用植物油工业总产值占全省食用植物油总产值的 9.05%，外商及港澳台商投资企业食用植物油工业总产值占全省食用植物油总产值的 7.45%；国有及国有控股企业粮食食品加工业总产值占全省粮食食品加工业总产值的 0.58%，外商及港澳台商投资企业粮食食品加工业总产值占全省粮食食品加工业总产值的 4.38%（见图 1）。

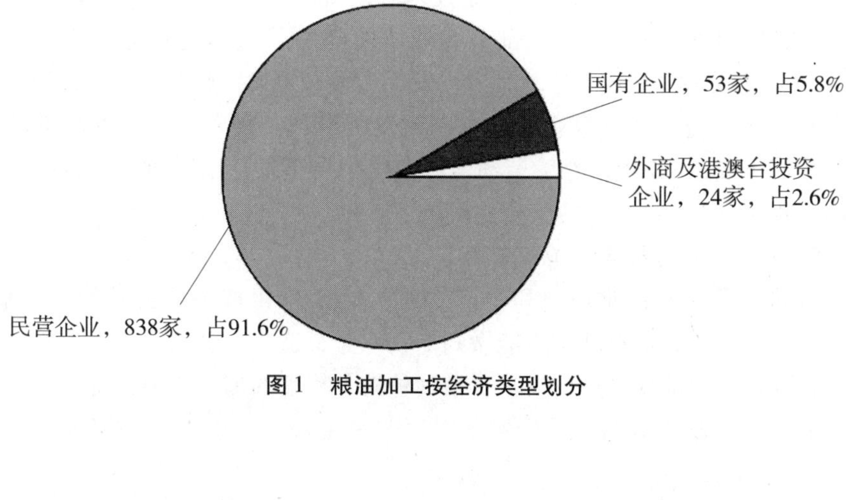

图 1　粮油加工按经济类型划分

（二）存在问题

1. 粮食加工业产能过剩，产业集群程度低

我省粮食加工企业从总体上来说，产业集聚程度低。特别是在全省优势加工领域的小麦粉加工业中，日处理原料超过1000吨的小麦粉加工企业42家，仅占全省小麦加工企业数的6%。总体产能过剩，企业达产率普遍不足。小麦粉加工企业达产率47.8%，大米加工业达产率只有21.4%，饲料加工业达产率61.4%。

2. 科技含量低，产品结构不合理

2015年，全省日处理原料100吨以上企业生产小麦粉实际产量为2648.26万吨，大多为标准粉和等级粉。从市场供应来看，专用粉供不应求，普通粉严重滞销。但由于我省小规模加工企业居多，设备升级改造难度较大，短期内情况难以得到改观。

3. 生产成本高，利润率普遍偏低

受原料、市场、劳动力等方面的影响，目前粮油加工企业生产成本高，利润率普遍偏低。部分企业存在资金周转困难的情况，而通过银行借贷获得周转资金，高额利息又增加了企业的运营成本。近年来，我省粮油加工业的行业利润长期处于2.5%左右，远低于产业持续健康发展的正常利润水平。其中，稻米、小麦、食用植物油、粮油机械制造业的利润水平一直低于行业平均水平；食用植物油加工业则处于连年亏损状态。全行业中只有粮食食品加工业和饲料加工业的利润率相对较高。

4. 科研投入不足，创新能力不强

2014年度，全省粮油加工企业投入的研究开发费用为6.2亿元，占企业产品销售收入的0.3%，大部分企业研发经费严重不足甚至没有。全省1124家企业仅有专利356项，其中：发明专利仅有84项，平均近3.2家企业才有一项专利，13.4家企业才有一项发明专利。我省粮油加工业研发程度仅相当于发达国家的1/3，劳动生产率仅相当于发达国家20世纪80年代初的1/4。

5. 粮食生产与粮食加工经营脱节

目前，我省的农业种植和生产方式仍然十分粗放，种植品种多、乱、杂，生产规模小，储存环节不能做到专收专储，造成粮食品质差，不适应现代粮食加工业对原粮品质的要求。粮食种植与粮食的加工、销售脱节。粮食种植业与加工业的协调关系仍然是以生产决定加工，以加工决定销售，即

“供需倒置”，这不仅影响了粮食最有效的加工利用，而且给粮食加工企业的生产控制带来困难，影响产品质量，这种生产经营体制严重影响了粮食加工业的发展。

（三）机遇与挑战

1. 比较优势

（1）城乡居民生活水平提高、消费结构升级给粮油加工业带来更大发展空间。河南有一亿人口，本土和周边内需市场巨大。随着人均收入的提高和城镇化进程的加快，居民对于粮油食品消费总量稳步扩大，消费结构逐步升级，自给型消费降低，商品型消费增强，发展粮油加工业具有较大需求空间。

（2）农产品资源丰富。河南是全国最大的粮食生产基地，也是全国油料重要生产大省。随着农业结构的调整和优化，农产品生产进一步规模化、优质化和专业化，农业资源优势将更加突出。特别是到2020年，全国粮食战略工程河南核心区建设增产300亿斤生产能力规划实施带来的产量和商品量的增加，为粮油加工业提供有利条件和良好机遇。

（3）区位优势明显。河南地处中原，是全国重要的综合交通枢纽中心，承东启西，连南贯北，辐射四周，已初步建成发达的物流通道，具备粮油食品所需最佳的运输半径。特别是“米”字型高铁线、郑州航空港经济综合实验区和亚欧大陆桥等，都为河南粮油加工业提供了强大的物流支撑。

（4）要素成本较低。河南劳动力充足，人工成本相对较低，原料、能源等成本相对沿海省份也普遍偏低，在承接产业转移上具有综合成本优势。河南拥有一批粮油学科高等院校和研究机构，技术支撑能力较强。同时拥有大量熟练技能工人和高级管理人才，为我省粮油加工业发展提供了要素支撑。

2. 比较劣势

（1）农业生产方式不适应粮油加工业发展要求。河南农产品生产仍以传统的分散方式为主，未形成规模化的种植、养殖基地，不能满足现代粮油加工业对原料品质一致性和稳定性的要求。粮油加工业和农业生产之间尚处于简单的初级供需阶段，尚未形成一体化的发展模式。

（2）跨国企业加快进入加剧了市场竞争。跨国企业凭借其资本、技术和管理方面的优势，在许多领域特别是在油脂加工领域基本形成了垄断性优势，同时还在不断渗透制粉等行业，对河南粮食加工企业带来了新的挑战。

(3) 配套服务体系不完善。围绕粮油加工业发展的社会化流通和服务网络尚未形成，物流网络发展较沿海省份相对落后，粮食储备、电子商务、贸易和加工配送体系不完善。

(4) 企业融资难度加大。我省粮油加工企业以中小企业为主，生产方式较粗放，缺少足够资产抵押，难以从银行获得贷款，加之其他融资渠道成本较高，渠道较单一。

二、指导思想、基本原则和发展目标

(一) 指导思想

全面贯彻党的十八大和习总书记系列重要讲话精神，围绕全面建成小康社会战略目标，坚持“五位一体”总体布局和“四个全面”战略布局，坚持创新、协调、绿色、开放、共享发展理念，坚持走新型工业化道路，以推进粮食行业供给侧结构性改革为主线，以满足人民群众日益增长和不断升级的安全优质营养健康粮油产品消费需求为目标。转变经济发展方式，推进产业升级，优化产业布局，完善现代粮油加工体系，建立与生产、流通和消费协调发展的长效机制，不断提升行业发展总体水平，增强粮油加工保障供给和服务“三农”能力，确保国家粮食安全。

(二) 基本原则

1. 合理布局，优化结构

因地制宜，充分发挥资源优势，提倡科学规划，合理布局，优化结构，积极发展有明显产品优势的粮油加工业，逐步形成各具特色的粮油加工业区域性布局。防止产业结构雷同及低水平重复建设和低层次恶性竞争。

2. 突出优势，集聚发展

鼓励、巩固、提升优势产品规模，增强资源加工增值能力，积极引导资金、技术、人才等要素，向粮油产业基地和产业集聚地集中；完善配套公共服务体系，引导粮油加工业集聚发展，形成规模效应。

3. 规模有序，协调发展

坚持“有所为、有所不为”发展思路，合理控制初级产品加工规模，注重产业结构、产品结构的调整、优化，进一步提高粮食及其加工副产品综合利用水平，提高全谷物健康食品与工业化主食品的比重。

4. 创新驱动，科技支撑

坚持技术创新，加快产品开发和技术装备现代化，充分发挥企业在科技创新中的主体作用，加大研发投入，加强与高等院校和科研院所的合作，推进高新技术和先进装备推广应用，提高产品精细化加工程度。

5. 节能减排，绿色发展

坚持循环经济发展模式，减少废弃物排放，在生产过程中降低和防止污染，提高资源综合利用和回收利用率，提高企业经济效益和生态效益。

6. 扩大开放，合作共享

积极开拓国外市场，推进我省粮油加工企业“走出去”，加强与“一带一路”沿线国家和重点地区的合作，扩大教育、技术、人才、设备等方面的输出，重点支持对外投资、建设、运营一体化的粮油加工业项目，实现互利共赢。

（三）发展目标

1. 产业规模

到2020年，年产值不少于10亿元的产业集群50个以上，实现以主食产业化为主的粮油加工业总产值5000亿元。

2. 产业能力

到2020年，粮油加工转化能力达到10000万吨，综合开工率达到65%，粮油加工转化率达到85%，主食工业化率达到60%。

3. 创新能力

到2020年，打造100个产业关联度大、技术装备水平高、经济实力雄厚、带动能力强的科技先导型龙头企业，形成国家、省、市、县各级粮油加工龙头企业群体；建成国家级技术中心、工程实验室和检测中心2～3个，省级重点工程实验室10个。

4. 产业结构

到2020年，粮油精深加工和主食产业化产值达到粮油加工业总产值的50%以上。

5. 食品安全

到2020年，规模以上企业全部建立食品安全可追溯制度，粮油食品质量总体合格率达到98%。

6. 节能降耗

2020年前，粮油食品工业单位增加值能耗下降3%，水耗下降5%左右。

专栏 1：粮油加工业“十三五”发展目标

类别	指标	目标（2020 年）
产业规模	年产值不少于 10 亿元的产业集群	50 个
产业能力	工业总产值	5000 亿元
	初级粮油加工转化能力	6130 万吨
	粮油深加工及主食产品加工能力	3870 万吨
	综合开工率	65%
	粮油加工转化率	85%
	主食产业化率	60%
创新能力	龙头企业	100 个
	国家级技术中心、实验室	2 ~ 3 个
	省级重点工程实验室	10 个
食品安全	食品质量总体合格率	98%

专栏 2：粮油加工业“十三五”主要发展目标

主要指标	2015		2020	
	实际产量（万吨）	工业总产值（亿元）	实际产量（万吨）	工业总产值（亿元）
合计	4359	1597	10000	5000
粮食加工业	4169	1397	9800	4750
其中饲料加工	848	211	1200	300
食用植物油	190	200	200	250

三、重点任务

（一）持续推进粮油深加工及主食产业化

加快粮油深加工及主食产业化发展，带动粮油转化增值、农业增效和农民增收，增强粮食安全保障能力。支持粮油加工基地建设，加快粮机装备研发，提高粮食生产与流通的科技水平，促进行业升级，满足广大消费者对粮油食品的合理需求。充分发挥市场配置资源的基础性作用，打破行业、地域、所有制界限，通过多渠道招商引资或企业战略性合作与重组，尽快形成一批具有较大产能、较高科技含量和适销对路产品的大型粮油加工企业；鼓励现有主食加工优势企业，扩大产能规模，提高产品档次，创立知名品牌，并通过兼并重组等进一步做大做强，尽快打造成为规模大、实力强、技术装备先进、有核心竞争力、行业带动力强的大型粮油企业集团。

（二）促进一二三产业融合发展

向产业链上游延伸。支持构建“产购储加销”一体化全产业链经营模式，开展多种类型的一二三产业融合发展示范工程试点，培育一批粮油加工业融合领军企业，做强一批优质专用特色粮食加工企业。鼓励龙头企业与种粮大户、家庭农场、农民合作社结成粮食产业化经营联合体和利益共同体，以品牌为载体，发展规模化种植和标准化生产，通过订单农业、土地流转、土地经营权入股等方式建立稳定的原料生产基地，提供良种供给、技术指导、订单收购、烘干、储存、加工、销售等一条龙服务。探索开展分品种收购、分品种储存试点示范，促进优质优价，实现全链条增值，让农民分享增值收益。实施粮食产后服务工程，鼓励加工企业面向新型经营主体发展代烘代收代储代加代销专业化服务、农村电商等新业态。

专栏3：粮食产后服务工程

创新粮食产后服务新模式，支持粮油加工、仓储等企业为新型经营主体和农户提供粮食烘干整理、储存、检测、加工、销售等多种形式的专业化、全方位服务，推广合作式、托管式、订单式等服务模式。支持新型经营主体建设以烘干清理、简易周转仓储设施等主要内容的“粮食产后服务中心”，形成与农业新型生产方式相适应的、覆盖主要产粮县的粮食产后服务新体系。

向产业链下游拓展。加强优质粮食收储、检验分级、运输通道、物流配送、信息等基础设施建设，支持企业建立“产购储加销”等环节的全程现代物流体系和营销网络，延长产业链条，增强企业的盈利能力。引导企业建立直营店、销售专柜等，扩大销售渠道和中高端产品销量。鼓励企业改建、扩建和新建必要的原料和成品仓储能力，提升安全储粮、保鲜物流等设施功能。大力推广成品粮低温储存、“四散”和集装化物流方式，提高粮油食品物流系统化水平。

拓展粮油加工产业功能。鼓励企业不断丰富和发展粮食文化，用文化引领产品开发、品牌培育和技术创新，提升品牌资产价值。鼓励企业在粮食种植、加工环节与农耕体验、旅游休闲、文化教育、健康养生等领域深度融合。支持加工企业挖掘传统主食品文化内涵，充分发挥“老字号”品牌效应。

（三）推进放心主食、放心粮油工程

充分整合利用现有粮食行业及社会各类资源，到2020年，在全省基本形成规范化、标准化、网络化的“放心主食”、“放心粮油”供应服务体系。原则上在每个市建设或改造1个区域性物流（配送）中心，在每个县结合当地交通、仓储、加工等资源和辐射区域，至少建设或改造1个县级“放心主食”、“放心粮油”配送中心。每个乡镇原则上至少建设或改造1个“放心主食”、“放心粮油”连锁中心店（含超市）。全省建设和完善城市社区和农村“放心主食”、“放心粮油”门店或经销店，网络运营要达到经营灵活、品种齐全、管理科学、效益良好的目标，努力实现“放心主食”、“放心粮油”网点城乡全覆盖，企业经济效益和社会效益全提升。

（四）着力调整产业结构

培育壮大龙头企业。支持企业做大做强、做优做精，引导和推动企业强强联合、跨地区跨行业跨所有制兼并重组，培育一批布局优、效益好、竞争力强的国家级、省级龙头企业集团。鼓励有特色的中小企业发挥地方粮油资源优势，积极提升技术装备水平和创新经营方式，主动拓展发展新空间，形成大、中、小型企业合理分工、协调发展的格局。

加快淘汰落后产能。坚持市场倒逼机制和企业主体责任，强化食品质量安全、环保、能耗、安全生产等约束作用，加强规划、标准和政策引导，依法依规加快淘汰工艺落后、设备陈旧、卫生质量安全和环保不达标、能耗粮耗高的落后产能，实现优胜劣汰，减少无效产能和低端产品供给。

（五）强化科技创新引领作用

加快技术改造升级。加快推动高新技术产业化示范，推广先进实用、安全可靠、经济节约新技术、新装备，支持改造升级节粮节能加工成套装备生产线，开展主食产业化、新型营养健康产品开发、副产物综合深度利用，采用新型清洁生产技术。

加强全产业链科技创新。强化企业技术创新的主体地位，构建“产学研用”紧密结合的行业科技创新体系。加强基础研究，强化集成创新。支持在特色和重点产业领域建设产业创新中心、创新平台和众创平台。鼓励企业加大科研投入，建立技术研发中心，与高校或科研院所联合开展技术创新示范企业、重点实验室、示范基地、工程（技术）研究中心、技术创新或产业联盟等建设。

（六）完善发展体制机制

推进实施“互联网+粮食”行动。运用互联网数据库等技术，建立健全粮油加工业监测运行分析系统，对粮油加工企业生产能力、运行状况、产品营销、品牌建设、利税水平进行系统分析研究，及时了解掌握企业生产运行情况，提高粮油加工行业运行分析研判等服务能力和水平，促进加工企业加快发展。发展“网上粮店”，推广“网订店取”“网订店送”等零售新业态、新模式，促进线上线下融合发展。推动大米、小麦粉、食用植物油等生产企业建立覆盖生产经营全过程的食品质量安全信息追溯体系，创新粮食购销模式，延伸产销服务链条，开展专用特色粮食代销代购对接，搭建物流配送和互联网金融服务平台。

（七）加强应急保障体系建设

加强城乡粮食应急供应网点建设和维护。依托现有的粮食应急供应点、军粮供应站（点）、成品粮批发市场、放心粮油店、粮油平价店为重点源构建布局合理、设施完备、运转高效、保障有力的粮食应急供应保障体系，确保应急供应网点覆盖省会城市、省辖市、省直管县（市）人口集中的社区。每个乡镇、街道应至少有1个应急供应网点。

至2020年，全省建立粮油应急加工企业246个，应急供应企业1981家，应急配送中心208个，应急储运企业130个，建立粮油价格监测直报点80个，省级监测点200个，实现数据网上直报，改造军粮供应站（点）36个，建设成品粮油低温储备库及附属设施规模10万吨，按照“合理布点、全面覆盖、平时自营、急时应急”的原则，完成粮食应急网点布局。

专栏4：粮油加工业应急保障体系建设目标

序号	内容	个数	地点
1	粮食综合应急保供中心	1	
2	区域性配送中心	172	全省
3	应急加工企业	246	全省
4	应急供应网点	1981	全省
5	应急配送中心	208	全省
6	应急运输企业	130	全省
7	省级价格监测点	200	全省
8	成品粮应急低温储备库	1	郑州市
9	军粮供应站改造（点）	36	

四、产业布局

（一）小麦加工发展定位

紧紧围绕小麦转化增值，加快推进主食工业化，重点建设面制品深加工产业链。提高面粉加工集约化水平，以提高生产规模化和现代化水平为重点，鼓励通过技改逐步淘汰落后产能，扩大一批日处理 1000 吨以上的小麦加工装置，限制日处理 300 吨以下的装置新建。提倡小麦粉适度加工，明显提高出品率，增加专用粉、油和营养功能性新产品供给；鼓励全麦粉及其制品等绿色优质营养健康中高端新产品供给，丰富品种，提升产品品质，提高优、新、特产品的比例。

大力发展面制食品加工业。以提高主食品工业化率为目标，加快推动馒头、面条等传统面制品工业化生产，加快发展各类速冻食品、鲜湿面、快餐面和营养强化挂面等，扩大附加值高的主食品比重，鼓励发展焙烤类食品，重点发展面包、饼干、糕饼类等产品。积极开发麦胚产品、小麦膳食纤维等高附加值产品。

（二）油脂加工发展定位

以本地特色油料深加工为重点，以优势品牌推进行业整合，提高产业集中度，培育大型油脂企业。加快发展具有资源优势的花生油、菜籽油、棉籽油、芝麻油等产品，鼓励开发高档新品种，扩大精制油和专用油比重。提高油料副产物的综合利用水平。鼓励花生低温制取清香花生油和食用花生蛋白的生产等高附加值产品。积极开发米糠油、玉米油等，大力发展油茶籽油、文冠果油等新型健康木本食用油。

提高油料加工技术装备水平和油料加工装备制造业水平。支持日加工油料 1000 吨以上企业发展，加快淘汰常压蒸发工艺和技术装备落后、能耗物耗高的年加工能力 5000 吨以下小型油脂企业。

（三）大米加工发展定位

积极发展优质米、专用米、发芽糙米、改性糙米、留胚米、免淘米、营养强化米及各类米制主食品等，鼓励生产和消费免抛光大米。加快发展大米淀粉、大米蛋白、米糠营养素、米糠酶及其他高附加值产品，鼓励稻谷产品的综合利用尤其利用稻壳发电及以稻壳为原料制作化工、建筑、环保、保温、填充材料等。

（四）玉米杂粮加工发展定位

加快玉米、杂粮的开发利用。积极发展玉米变性淀粉、淀粉糖等高附加值产品；提高食用玉米粉、玉米糁和玉米食品加工能力。积极发展优质特色杂粮产业，提高杂粮、豆类的适口性、营养性和方便性，加快推进杂粮食品工业化、产业化和品牌化。

（五）休闲食品发展定位

大力推进以粮油为主要原料的休闲食品产业发展。加快品种开发，以满足休闲、旅游、嗜好为重点，开发多种口味、营养强化的威化饼干、果蔬饼干、无糖低热量饼干等；提升粮谷类、薯类、豆类膨化食品的生产规模和产品档次，研发早餐麦片、玉米片、杂粮膨化食品等新产品；加快发展坚果仁、枣干、枣片、糕点、果脯、肉脯等产品，满足市场细分需求。

（六）饲料加工发展定位

按照集聚发展、集约经营、产业融合、高效安全的现代畜牧业发展方向，紧紧围绕建设我省优质畜产品生产和加工基地中心，以确保饲料产品质量安全和提高饲料工业效益为重点，大力实施科技兴饲战略、名牌带动战略、饲料产业化战略。

五、保障措施

（一）完善财税引导扶持政策

研究利用现有政策和资金渠道，重点支持龙头企业与新型经营主体建立利益联系机制，支持开展优质特色专用粮食产业试点示范、深加工转化与产业园区建设。加大政府支持力度，适时建立粮油加工企业扶持资金；鼓励和支持社会资本发起设立粮食产业发展基金。充分发挥骨干粮食企业在粮食收购、加工转化以及市场供应等方面的作用，探索建立地方储备粮或成品粮油动态管理、轮换与符合条件的加工企业对接机制。开展优质专用特色粮食产业化发展试点，探索建立订单生产和分品种专收专储、分级管理机制，推动实现优质优价。通过现有政策渠道，对符合条件的重大节粮技术、科技创新及特色粮食产业加工示范基地建设等提供支持。

（二）加大金融服务支持力度

进一步加强银企对接，积极引导金融机构增加对粮油加工业的信贷投入，对粮食加工企业技术改造、并购重组，以及符合国家产业政策的粮油加工项目等，积极给予中长期贷款支持。引导粮油加工企业积极拓宽融资渠道，参与期货市场的套期保值，并通过发行短期融资券等非金融企业债务融资工具筹集资金，提高其风险管理意识和管理水平；支持符合条件的龙头企业上市融资和发行企业债券、公司债；鼓励和支持担保机构，对符合条件的粮油加工企业申请提供有效担保；鼓励和支持保险机构，支持企业开展对外贸易和“走出去”保险服务。

（三）加强产业政策和标准指导

落实国务院和省政府化解产能过剩、淘汰落后产能、促进企业兼并重组等一系列政策措施，用市场的办法引导落后产能有序退出，区分优劣产能、分类支持帮扶。研究制定河南粮油加工业进入的节能、节粮、环保、质量安全、安全生产等规范条件。鼓励企业制定严于国家标准和行业标准的企业标准，加大对口粮产品及主食、方便食品和现代生物发酵食品等新产品标准的研制力度。积极引导企业正确、有效执行标准。加强粮食质量安全检测、监测体系能力建设，加强粮食质量安全监管。加强宣传引导，通过举办世界粮食日和全国爱粮节粮宣传周、粮食科技活动周、安全生产周、食品安全周等系列宣传活动，吸引社会力量积极参与粮食产业开发，加大全社会公益性科学用粮和健康消费知识宣传普及力度。

（四）加强人才和技术支撑

支持粮油加工企业科技创新，加强粮食加工质量标准体系的基础研究、成套设备自主化开发和高技术产业化，全面改造和提升粮食加工业。重点加强高效节能关键技术装备开发、健康谷物食品研究开发、副产物综合利用等。鼓励大中型粮油加工企业建立研发机构，与高校、科研院所联合成立研究开发中心和产业技术创新战略联盟，加大对自主创新成果产业化的研发投入。营造吸引培育专业人才的环境和条件，加强自主培养和外部引智，充分利用高校、科研院所、中心实验室等，建成一批粮油加工业专门人才培训基地，加快培育高水平行业科技人才，建立粮食产业科技人才库。开展职工技术培训、技能鉴定及行业职业技能大赛，打造门类齐全、技艺精湛的技能人才队伍。引进和培养一批懂技术、懂市场的高端复合型管理人才，培养和造就大批优秀企业家。充分研究分析国内国际市场和资源，培养国际化人才。

（五）加快产业集聚区发展

结合全省产业集聚区规划布局，重点选择20个左右粮油加工专业园区，加大扶持力度，优先配置要素资源，加快推进投融资平台建设，完善基础设施和公共服务体系，加大招商引资力度，促进产业集群链式发展。引进和培育关联度大、带动性强的大企业大集团，围绕龙头企业，集聚中小企业为其配套或进行下游产品深加工，打造以龙头企业为中心的辐射式产业集群。引导社会资源向龙头企业集聚，推动龙头企业建立产品标准、质量检测、技术研发等部门，通过企业之间的集聚效应降低综合成本，增强产业集群整体市场竞争力。

六、重点项目

附录：河南省粮油加工业“十三五”重点项目汇总表

附录

河南省粮油加工业"十三五"重点项目汇总表

市	序号	企业名称	项目类别	项目名称	产品类别	项目规模（万吨）	总投资（万元）	企业自筹（万元）	银行贷款（万元）	建设时间
郑州市	1	河南郑州兴隆国家粮食储备库	新建	河南郑州兴隆国家粮食储备库粮油主食加工项目	馒头	4	2000	2000	0	2017年1月～2019年12月
			新建		调味面条	6	3000	3000	0	2017年1月～2019年12月
			新建		其他小麦深加工产品	26.5	10000	5000	5000	2017年1月～2019年12月
	2	郑州万邦农业有限公司	续建	郑州万邦农业有限公司现代都市生态农业示范园	鲜湿面条	2	3000	2000	1000	2016年8月～2018年8月
	3	郑州喜悦佳食品有限公司	扩建	"香饽饽"天然米酒馒头	馒头	0.36	1000	600	400	2017年3月～2018年11月
	4	中牟县金稻粮油购销有限公司	拆迁重建	河南中牟粮食文化产业体验园	馒头	0.1	3816	300	800	2017年12月～2019年12月
			拆迁重建	河南中牟粮食文化产业体验园	其他小麦深加工产品	0.9	1100	300	800	2017年12月～2019年12月
开封市	5	河南海壹食品股份有限公司	扩建	年产50000吨速冻食品加工	速冻食品	5	12000	8000	4000	2018年～2019年
	6	河南九盼食品有限公司	扩建	速冻水饺生产线	速冻食品	5	1000	600	400	2017年5月～2017年10月
	7	河南省丽星亿源食品有限公司	新建	年产14000吨署类深加工	其他方便食品	0.5	1700	1700	0	2016年10月～2018年10月
	8	河南星海油脂有限公司	新建	1. 养生油加工生产线一条 2. 花生油加工生产线一条	食用植物油加工业	8	4000	4000	0	2016年3月～2017年6月
	9	河南众邦农业科技有限公司	扩建	方便粉丝生产线	其他方便食品	6	2600	600	2000	2017年3月～2019年12月

续表

市	序号	企业名称	项目类别	项目名称	产品类别	项目规模（万吨）	总投资（万元）	企业自筹（万元）	银行贷款（万元）	建设时间
开封市	10	开封市家家福面粉有限公司	续建	开封家家福面粉有限公司续建项目	馒头	1	560	100	460	2017年1月~2017年12月
			续建		鲜湿面条	1.5	1000	180	820	2017年1月~2017年12月
			续建		其他小麦深加工产品	15	1200	200	1000	2017年1月~2017年12月
	11	开封市六福面粉有限公司	扩建	日处理800吨面粉专用粉扩建项目	其他小麦深加工产品	24	4000	3000	1000	2017年2月~2017年12月
	12	开封市天源面业有限公司	新建	开封市天源面业有限公司日产10吨馒头生产线项目	馒头	0.3	1500	1500	0	2017年5月~2019年5月
			新建		挂面	6	2500	2500	0	2017年5月~2019年5月
	13	开封雪花面业有限公司	新建	全自动馒头生产线	馒头	0.5	500	200	300	2017年1月~2017年4月
洛阳市	14	洛阳市老城区永昌面粉厂	筹建	黑粮食种植、加工	其他小麦深加工产品	3	500	100	400	2015年9月~2017年10月
	15	洛阳鸿磊面业有限公司	新建	新建挂面车间	挂面	2.16	600	500	100	2017年1月~2017年12月
	16	洛阳洛粉面业有限公司	新建	馒头生产车间	馒头	1.22	3000	1000	2000	2017年7月~2020年7月
			新建	挂面生产车间	挂面	3	8000	3000	5000	2017年7月~2020年7月
			新建	方便食品生产车间	其他方便食品	2	12000	4000	8000	2017年7月~2020年7月
			新建	速冻食品生产车间	速冻食品	5	24000	10000	14000	2017年7月~2020年7月

续表

市	序号	企业名称	项目类别	项目名称	产品类别	项目规模（万吨）	总投资（万元）	企业自筹（万元）	银行贷款（万元）	建设时间
洛阳市	17	洛阳市五马食品有限公司	新建	洛阳市五马食品有限公司扩建项目	馒头	0.3	230	130	100	2016年10月～2017年6月
			新建		鲜湿面条	0.6	120	30	90	2016年6月～2017年3月
	18	洛宁县面粉厂	新建	挂面生产线	挂面	0.5	1200	500	700	2017年1月～2017年12月
	19	洛阳雪龙生态食品有限公司	新建	主食馒头生产项目	馒头	1.1	1500	1000	500	2017年6月～2018年3月
			新建	主食挂面生产项目	挂面	1.65	4000	2000	2000	2018年3月～2018年12月
			新建	1亿包自热方便食品	其他方便食品	1	3000	2000	1000	2019年1月～2019年6月
			新建	200万包休闲旅游食品	其他方便食品	1	4500	3000	1500	2018年5月～2018年12月
			新建	2万吨谷物膳食纤维食品	其他方便食品	2	2500	1500	1000	2019年2月～2019年8月
			新建	食品专用预拌粉车间	其他小麦深加工产品	15	4000	2000	2000	2017年6月～2018年12月
			新建	小麦麦麸膳食纤维	其他小麦深加工产品	2	4200	2200	2000	2019年1月～2020年12月
			新建	小麦胚芽油	食用植物油加工业	0.5	3500	2500	1000	2019年1月～2020年12月
	20	孟津县国家粮食储备库	扩建	挂面生产线	挂面	0.75	210	70	140	2017年1月～2017年12月
	21	汝阳县龙腾粮油制品有限公司	新建	汝阳县龙腾粮油制品有限公司扩建项目	挂面	10	1000	400	600	2016年12月～2017年10月

续表

市	序号	企业名称	项目类别	项目名称	产品类别	项目规模（万吨）	总投资（万元）	企业自筹（万元）	银行贷款（万元）	建设时间
洛阳市	22	宜阳锦粮面业有限公司	扩建	锦粮面业挂面生产线	挂面	4	1200	400	200	2017 年 8 月 ~ 2018 年 2 月
鹤壁市	23	鹤壁赛德食品有限公司	续建	年产 50 万吨中式营养餐项目	速冻食品	50	90000	50000	40000	2017 年 6 月 ~ 2019 年 6 月
	24	鹤壁豫光面粉有限公司	新建	15 万吨膨化食品生产	烘焙食品	15	12100	2100	10000	2017 年 6 月 ~ 2018 年 6 月
	25	河南帮太食品有限公司	扩建	帮太互联网 + 全谷物食品产业化示范建设项目	其他方便食品	20	32900	6580	26320	2015 年 12 月 ~ 2018 年 9 月
	26	鹤壁天香食品有限公司	续建	面点深加工	其他方便食品	1	600	200	400	2017 年 5 月 ~ 2017 年 10 月
	27	浚县天龙面业有限公司	新建	日处理 1000 吨小麦生产线	淀粉	25	8000	500	7500	2015 年 9 月 ~ 2017 年 5 月
	28	河南飞天农业开发股份有限公司	新建	河南飞天农业开发股份有限公司年产 40 万吨功能糖项目	淀粉糖	74	130000	50000	80000	2017 年 4 月 ~ 2018 年 12 月
	29	河南发淇油脂有限公司	新建	年产 1 万吨大豆压榨油生产线	食用植物油加工业	1	3000	1800	1200	2017 年 6 月 ~ 2018 年 3 月
	30	河南省淇花食用油有限公司	扩建	20 万吨压榨浓香花生油	食用植物油加工业	20	8600	6000	2600	2014 年 6 月 ~ 2016 年 5 月
	31	河南常念油脂有限公司	扩建	保健油生产线	食用植物油加工业	1	900	200	700	2017 年 5 月 ~ 2018 年 5 月
	32	范县胜利面业	新建	面粉再加工	馒头	3	1600	1600	0	2016 年 1 月 ~ 2016 年 12 月

续表

市	序号	企业名称	项目类别	项目名称	产品类别	项目规模（万吨）	总投资（万元）	企业自筹（万元）	银行贷款（万元）	建设时间
焦作市	33	河南天香面业有限公司	扩建	特色挂面生产线	挂面	6	8000	2000	6000	2017年~2018年
	34	武陟县全丰食品有限公司	扩建	粽子生产线	米制主食品	3	200	200	0	2017年~2019年
			扩建	元宵生产线	速冻食品	3	200	200	0	2017年~2019年
	35	河南斯美特食品有限公司	新建	年产5万吨粉丝项目	方便面	5	4000	2000	2000	2017年3月~2017年12月
	36	河南怀山纯食品有限公司	新建	营养代餐项目	其他方便食品	6	10000	3000	7000	2017年~2021年
	37	孟州市金玉米有限责任公司	新建	精制高档麦芽糊精生产线	淀粉糖	10	5700	4700	1000	2017年1~2017年12
许昌市	38	河南皓佳农业开发有限公司	新建	80%玉米挂面生产项目	挂面	2	1500	1500	0	2017年6月~2018年5月
			新建	80%玉米挂面生产项目	鲜湿面条	1	500	500	0	2017年4月~2017年12月
			新建	非油炸玉米方便面项目	方便面	0.7	2500	2500	0	2018年12月~2019年6月
	39	河南响当当食品有限公司	续建	河南响当当食品有限公司续建项目	速冻食品	10	18000	10000	8000	2016年11月~2017年11月
	40	河南格皓特农业科技有限公司	新建	玉米自发粉、高筋粉生产项目	其他玉米深加工产品	5	5000	5000	0	2017年3月~2019年12月
	41	许昌山花油脂有限公司	新建	60万吨大豆深加工生产线	食用植物油加工业	60	25000	25000	0	2017年3月~2019年2月

续表

市	序号	企业名称	项目类别	项目名称	产品类别	项目规模（万吨）	总投资（万元）	企业自筹（万元）	银行贷款（万元）	建设时间
漯河市	42	河南万事兴食品有限公司	扩建	年产5万吨营养挂面生产线改扩建项目	挂面	5	1500	1500		2016年12月~2017年12月
漯河市	43	舞阳县华鑫面粉有限责任公司	扩建	年产1万吨鲜湿面条加工项目	鲜湿面条	1	3100	3100	0	2017年4月至2018年12月
漯河市	44	河南美宜家食品有限公司	扩建	年加工小麦30万吨	其他小麦深加工产品	30	16000	7000	9000	2016年9月~2017年12月
南阳市	45	曹氏百川特色面业制品有限公司	扩建	日处理1000吨小麦生产线	其他小麦深加工产品	30	5000	2000	1000	2016年~2017年
南阳市	46	方城县金穗面粉公司	新建	生产线2条	馒头	2	2000	1000	1000	2016年~2020年
			新建	生产线1条	挂面	1.5	1800	900	900	2016年~2020年
			新建	生产线1条	鲜湿面条	1.5	1200	600	600	2016年~2020年
			新建	生产线1条	速冻食品	1	1000	500	500	2016年~2020年
南阳市	47	河南白硕面业有限公司	扩建	营养挂面生产线	挂面	4	2000	1200	800	2017年12月~2018年10月
南阳市	48	河南省云阳恒雪实业有限公司	新建	馒头生产线及车间	馒头	0.5	2211	1711	500	2017年12月~2019年1月
			新建	面条车间及生产线	鲜湿面条	0.2	2211	1711	500	2017年12月~2019年1月
南阳市	49	河南想念食品有限公司	新建	食品产业园	挂面	20	28000	28000	0	2017年5月~2020年5月
			新建	食品产业园	其他小麦深加工产品	30	20000	20000	0	2017年5月~2020年5月

续表

市	序号	企业名称	项目类别	项目名称	产品类别	项目规模（万吨）	总投资（万元）	企业自筹（万元）	银行贷款（万元）	建设时间
南阳市	50	家喜多食品有限公司	扩建	日产馒头130万个	馒头	0.5	6000	6000	0	2017年~2019年
			扩建	日产鲜切面20万斤生产线	鲜湿面条	0.5	200	200	0	2017年~2019年
	51	金馥植物油公司	新建	油脂加工分级提炼生产线1条	食用植物油加工业	50	3000	2000	1000	2016年~2020年
	52	南阳曹氏百川特色面业制品有限公司	扩建	日产20万斤面条生产线	挂面	2	3000	2000	1000	2016年~2017年
	53	南阳麦香源食品有限责任公司	扩建	速冻食品生产线	速冻食品	0.72	2000	1500	500	2017年7月~2018年12月
	54	南阳市瑞丰粮油有限公司	新建	挂面生产线	挂面	6	3000	2000	1000	2017年1月~2017年12月
	55	南阳特香包食品有限公司	新建	馒头生产线	馒头	0.5	220	100	120	2017年4月~2017年8月
			新建	面条车间及生产线	鲜湿面条	0.2	100	100	0	2017年4月~2017年6月
			新建	面条车间及生产线	调味面条	0.6	340	140	200	2017年4月~2017年6月
			新建	速冻面点生产线	速冻食品	0.1	360	150	210	2017年6月~2017年9月
			续建	面包车间	烘焙食品	1	300	200	100	2017年6月~2017年9月
			新建	蒸煮方便食品生产线	其他方便食品	0.1	240	140	100	2017年10月~2017年12月

续表

市	序号	企业名称	项目类别	项目名称	产品类别	项目规模（万吨）	总投资（万元）	企业自筹（万元）	银行贷款（万元）	建设时间
南阳市	56	南阳鑫源粮油公司	新建	生产线5条	馒头	5	5000	2000	3000	2016年~2020年
			新建	生产线1条	挂面	0.6	1000	500	500	2016年~2020年
			新建	生产线1条	鲜湿面条	0.6	1000	500	500	2016年~2020年
			新建	生产线1条	速冻食品	0.7	1000	500	500	2016年~2020年
商丘市	57	民权县科农食品贸易有限公司	新建	馒头包子加工生产线	馒头	0.5	1000	300	700	2016年12月~2017年10月
			扩建	甜玉米加工生产线	速冻食品	5	6000	1800	4200	2016年8月~2017年8月
			新建	干果烘焙	烘焙食品	0.2	300	90	210	2016年9月~2017年5月
	58	河南阿凡提食品股份有限责任公司	新建	年产2万吨风干熟挂面加工项目	挂面	2	1800	800	1000	2016年12月~2018年3月
	59	河南佳美农业科技有限公司	新建	河南佳美农业科技有限公司挂面生产线新建项目	挂面	1	3000	1000	2000	2017年2月~2018年10月
	60	河南省梨园春食品有限公司	扩建	河南省梨园春食品有限公司方便面生产线新建项目	方便面	5	5000	1500	3500	2017年1月~2018年10月
	61	河南诚实人实业集团有限责任公司	新建	日产50吨馒头生产建设项目	馒头	1.8	1000	600	400	2017年5月~2018年5月
			新建	日处理100吨生鲜面工业化生产建设项目	调味面条	3.5	500	300	200	2017年6月~2018年6月

续表

市	序号	企业名称	项目类别	项目名称	产品类别	项目规模（万吨）	总投资（万元）	企业自筹（万元）	银行贷款（万元）	建设时间
商丘市	62	河南神人助粮油有限公司	新建	河南神人助粮油有限公司日加工20吨馒头生产线项目	馒头	0.6	800	480	320	2017年6月～2018年6月
			新建	河南神人助粮油有限公司日加工30吨面条生产线项目	挂面	0.9	500	300	200	2017年6月～2018年6月
			扩建	河南神人助粮油有限公司年产10万吨小麦粉加工扩建项目	其他小麦深加工产品	10	1000	600	400	2017年6月～2018年6月
	63	民权县金龙的食品有限公司	扩建	日加工馒头30吨生产线	馒头	1.06	1600	600	1000	2016年6月～2017年3月
			扩建	日加工挂面60吨生产线	挂面	3	2400	1000	1400	2016年6月～2017年7月
	64	商丘市傲龙食品有限公司	新建	商丘市傲龙食品有限公司方便面生产线新建项目	方便面	5	6000	1800	4200	2017年1月～2018年6月
	65	商丘市百分食品有限责任公司	新建	年产600吨标准化石磨面粉馒头房建设项目	馒头	0.06	10000	6400	3600	2017年1月～2020年12月
			扩建	年产3000吨新型熟挂面生产线建设项目	挂面	0.3	300	300	0	2017年1月～2017年12月
			续建	日产600吨非油炸方便面生产线建设项目	方便面	18	4000	2200	1800	2017年1月～2017年12月
			新建	日产100吨石磨杂粮面生产线新建项目	其他小麦深加工产品	3	2000	1000	1000	2017年1月～2017年12月

续表

市	序号	企业名称	项目类别	项目名称	产品类别	项目规模（万吨）	总投资（万元）	企业自筹（万元）	银行贷款（万元）	建设时间
商丘市	66	商丘市万象面粉有限公司	新建	蛋糕、肉松饼生产线	烘焙食品	1.8	3000	2000	1000	2017年5月~2018年5月
	67	虞城县豫丰华食品有限公司	扩建	虞城县豫丰华食品有限公司挂面生产线扩建项目	挂面	2	5000	1500	3500	2017年1月~2018年12月
	68	虞城县恒宇食品有限公司	扩建	虞城县恒宇食品有限公司挂面生产线扩建项目	挂面	5	5000	1500	3500	2017年2月~2018年12月
	69	柘城县红辣有限责任公司	新建	年产24000吨挂面加工项目	挂面	2.4	2600	1200	1300	2016年5月~2017年3月
信阳市	70	光山县金丰园面粉加工有限公司	续建	面条生产线	挂面	1.5	4600	1600	3000	2018年1月~2019年6月
	71	光山县四方钱财粮油制品有限公司	新建	米线、米粉生产线	米制主食品	1.5	5000	1800	3200	2018年1月~2019年6月
	72	光山县四方植物油有限公司	扩建	稻米油产、学、研一体化	食用植物油加工业	1.2	9000	3000	6000	2018年1月~2019年12月
	73	河南富贵食品有限公司	扩建	全自动主食馒头生产线	馒头	1	8000	1000	4000	2016年~2017年
	74	河南省潢川县仁和粮油购销有限责任公司	扩建	空心贡面组装生产线	调味面条	1	500	200	300	2017年1月~2017年12月
	75	河南麦得隆集团	扩建	饼类、面包类、休闲食品类、主食类生产线	烘焙食品	10	200000	50000	150000	2016年~2019年
	76	潢川华英粮业有限公司	新建	年15万吨稻谷加工项目	米制主食品	15	13200	4700	8000	2016年12月~2017年12月
	77	潢川县裕丰粮业有限责任公司	新建	水磨糯米粉生产线	淀粉	3	3000	2000	1000	2018年1月~2019年12月
	78	河南信良粮业股份有限公司	新建	弱筋小麦专用粉项目	其他小麦深加工产品	30	30000	10000	20000	2016年~2018年

续表

市	序号	企业名称	项目类别	项目名称	产品类别	项目规模（万吨）	总投资（万元）	企业自筹（万元）	银行贷款（万元）	建设时间
信阳市	79	罗山县双福粮业有限责任公司	新建	鲜湿面及热干面日产50吨生产项目	鲜湿面条	1	1560	560	1000	2017年5月~2018年3月
	80	山信粮业有限公司	续建	山信食品产业园	米制主食品	2	60000	20000	40000	2016年5月~2018年5月
	81	商城县华宝茶油有限责任公司	新建	茶油深加工项目	食用植物油加工业	1	8000	5000	3000	2016年~2018年
	82	五丰食品公司	续建	加工挂面食品	挂面	40	5000	2000	3000	2016年5月~2018年5月
	83	信阳鸿润家庭农场	新建	食品烘干建设项目	烘焙食品	20	1500	500	1000	2017年3月~2018年6月
	84	商城县兄弟米业有限公司	新建	年产6万吨大米加工生产线	米制主食品	6	2800	1700	1100	2015年10月~2018年5月
			新建	无公害脱毒红薯水晶粉丝加工生产线	其他方便食品	0.4	800	500	300	2015年10月~2018年5月
			新建	年产2000吨淀粉及粉丝加工生产线	淀粉	0.2	600	400	200	2015年10月~2018年5月
	85	信阳市红房子食品有限责任公司	续建	各种糕点加工	烘焙食品	2	5000	2000	3000	2016年1月~2019年12月
	86	信阳市立翔维斯顿食品有限公司	扩建	年产6万吨饼干生产线	烘焙食品	6	7500	4500	3000	2017年5月~2019年1月
			续建	年产5万吨卡通饼干生产线	烘焙食品	5	5200	300	4900	2016年12月~2017年9月
	87	信阳市浉河区小六子土特产公司	扩建	扩建、市场开发	馒头	0.1	600	180	420	2016年1月~2019年12月
	88	信阳市浉河区华东粮业有限责任公司	续建	400吨稻米油加工	食用植物油加工业	10	2000	600	1000	2016年1月~2019年12月

续表

市	序号	企业名称	项目类别	项目名称	产品类别	项目规模（万吨）	总投资（万元）	企业自筹（万元）	银行贷款（万元）	建设时间
周口市	89	郸城县正兴粉业有限公司	新建	正兴餐桌食品	馒头	1	1000	500	500	2017年~2020年
			新建	正兴餐桌食品	挂面	1	1000	500	500	2017年~2020年
			新建	正兴淀粉生产线	淀粉	2	1000	500	500	2017年~2020年
			新建	正兴谷朊粉生产线	谷朊粉	1	3000	1500	1500	2017年~2020年
	90	泛区粮油工贸总公司	新建	泛区主食生产加工项目	馒头	1	280	56	224	2017年10月~2019年10月
			新建	泛区主食生产加工项目	挂面	1	220	44	176	2017年10月~2019年10月
	91	河南红满天面业有限公司	新建	挂面加工	挂面	9	1500	1500		2017年1月~2017年3月
	92	河南碧海食品有限公司	扩建	速冻食品	速冻食品	3	8000	5000	3000	2016年7月~2016年8月
	93	河南金丹乳酸科技股份有限公司	拟建	玉米生产1万吨乳酸及系列产品	其他玉米深加工产品	1.5	6860	6860	0	2017年5月~2018年5月
	94	河南莲花面粉有限公司	扩建	莲花年产1.2亿个馒头生产线	馒头	0.12	360	360	0	待定
			拟建	莲花健康挂面生产线	挂面	1.4	900	900	0	待定
			拟建	莲花意大利面生产线	其他面条产品	0.6	1200	1200		待定
			新建	莲花面包糠生产线	其他方便食品	1.2	1000	1000	0	2016年3月~2017年1月

续表

市	序号	企业名称	项目类别	项目名称	产品类别	项目规模（万吨）	总投资（万元）	企业自筹（万元）	银行贷款（万元）	建设时间
周口市	94	河南莲花面粉有限公司	拟建	变性淀粉	淀粉	5	4000	4000	0	待定
			拟建	可溶性谷朊粉	谷朊粉	1. 2	3000	3000	0	待定
	95	淮阳县辉华面业有限公司	续建	速冻食品	速冻食品	6	20000	18000	2000	2016 年 9 月 ~ 2017 年 5 月
	96	河南枣花面业有限公司	新建	年产小麦粉小麦、淀粉食品深加工建设项目	淀粉	6. 6	16000	10000	6000	2016 年 11 月 ~ 2019 年 12 月
			新建	年产谷朊粉 1. 6 万吨食品深加工建设项目	谷朊粉	1. 6	16000	10000	6000	2016 年 11 月 ~ 2019 年 12 月
	97	河南省裕香植物油有限公司	续建	油脂补贴及贴息项目	食用植物油加工业	4. 8	3300	1300	2000	2016 年 6 月 ~ 2017 年
	98	乐涛面业有限公司	新建	馒头生产线	馒头	0. 15	500	200	300	2017 年 3 月 ~ 2017 年 9 月
	99	康之源粮油食品有限公司	新建	康之源粮油食品有限公司	食用植物油加工业	7	5000	3000	2000	2017 年 3 月 ~ 2017 年 12 月
	100	莲花健康产业集团股份有限公司	新建	第四代调味品和高端健康食品工程	其他方便食品	1. 8	16212	16212	0	2017 年 3 月 ~ 2019 年 3 月
	101	沈丘县好日子工贸有限公司	新建	工业化馒头生产线	馒头	1. 25	2000	1000	1000	2017 年 ~ 2019 年
	102	太康县康健多食品有限公司	扩建	馒头 30 万个/日	馒头	1. 125	600	400	200	2017 年 3 月 ~ 2018 年 12 月
			续建	鲜湿面条 5 万斤/日	调味面条	0. 75	300	200	100	2017 年 3 月 ~ 2018 年 12 月
			续建	速冻饺子 3 万斤/日	速冻食品	0. 45	350	250	100	2017 年 3 月 ~ 2018 年 12 月
			续建	焦馍片 1 万斤/日	烘焙食品	0. 15	200	100	100	2017 年 3 月 ~ 2018 年 12 月

续表

市	序号	企业名称	项目类别	项目名称	产品类别	项目规模（万吨）	总投资（万元）	企业自筹（万元）	银行贷款（万元）	建设时间
周口市	103	商水金博粮食购销有限公司	新建	日产30万个馒头项目	馒头	0.075	2000	1200	800	2017年6月~2018年6月
	104	西华县多福星主食产业有限公司	新建	年产1.35万吨馒头2组	馒头	1.35	520	300	220	2016年3月~2016年9月
			新建	年产1.1万吨面条2组	调味面条	1.1	350	250	100	2016年3月~2017年9月
	105	豫佳面业	新建	馒头生产线	馒头	0.12	250	100	150	2017年4月~2017年10月
			新建	挂面生产线	挂面	1.5	800	300	500	2017年8月~2018年4月
	106	豫丰实业有限公司	续建	高档小麦专用粉	其他小麦深加工产品	7	1822	1822	0	2016年11月~2018年11月
	107	银海糖业有限公司	拟建	玉米胚芽油生产线	食用植物油加工业	0.3	2000	1000	1000	2017年~2020年
	108	周口东郊库	新建	东郊库粮油深加工	馒头	1.46	1000	350	650	2017年1月~2019年12月
			新建	东郊库粮油深加工项目	挂面	4.38	2000	650	1350	2017年1月~2019年12月
			新建	东郊库粮油深加工	淀粉	5	600	200	400	2017年1月~2019年12月
			新建	东郊库粮油深加工	谷朊粉	2	400	100	300	2017年1月~2019年12月
			新建	东郊库粮油深加工	其他小麦深加工产品	20	5000	1700	3300	2017年1月~2019年12月
	109	周口市可道生物科技有限公司	新建	年产1000吨低温冷榨清香型黑芝麻营养油	食用植物油加工业	0.1	2000	2000	0	2016年11月~2018年11月

续表

市	序号	企业名称	项目类别	项目名称	产品类别	项目规模（万吨）	总投资（万元）	企业自筹（万元）	银行贷款（万元）	建设时间
周口市	110	豫鹰面业有限公司	新建	日加工 60 吨休闲食品	其他方便食品	1.8	4000	3600	400	2017 年 3 月～2018 年 3 月
周口市	111	周口市雪荣面粉有限公司	新建	日产 20 万个馒头项目	馒头	0.9	2600	2600	0	2019 年 5 月～2020 年 5 月
周口市	111	周口市雪荣面粉有限公司	新建	年产 8 万吨高档营养挂面项目	挂面	8	9000	7000	2000	2016 年 10 月～2018 年 10 月
周口市	111	周口市雪荣面粉有限公司	新建	年产 1 万吨鲜湿面条	调味面条	1	2000	2000	0	2018 年 10 月～2019 年 10 月
周口市	111	周口市雪荣面粉有限公司	新建	年产 3 万吨烘焙食品	烘焙食品	3	1800	1800	0	2019 年 6 月～2020 年 6 月
周口市	111	周口市雪荣面粉有限公司	新建	44 万吨小麦智能化深加工项目	其他小麦深加工产品	44	16000	11000	5000	2016 年 10 月～2018 年 10 月
周口市	112	周口市掌柜食品有限公司	续建	年产 10 亿包方便面	方便面	7.5	10000	5000	5000	2016 年 7 月～2018 年 6 月
周口市	113	周口引食食品公司	新建	冻干面加工线	其他方便食品	3	50000	20000	30000	2017 年～2019 年
驻马店市	114	河南省大程泉谷坊食品有限公司	新建	全谷物健康食品主食产业化加工项目	鲜湿面条	10	4000	1000	3000	2016 年 1 月～2018 年 2 月
驻马店市	115	河南天一食品有限公司	新建	河南天一食品有限公司新建粤商食品加工基地(年产方便面 17 万吨)建设项目	方便面	6	1900	900	1000	2016 年 9 月～2017 年 10 月
驻马店市	116	河南天宇实业有限公司	扩建	加工面粉 36 万吨生产项目	其他小麦深加工产品	20	3000	1000	2000	2017 年 1 月～2017 年 12 月
驻马店市	117	河南春英面业有限责任公司	扩建	年处理 50 万吨优质小麦专用粉生产线	其他小麦深加工产品	50	12000	5000	7000	2017 年 6 月～2018 年 7 月

续表

市	序号	企业名称	项目类别	项目名称	产品类别	项目规模（万吨）	总投资（万元）	企业自筹（万元）	银行贷款（万元）	建设时间
驻马店市	118	河南久久农业科技股份有限公司	扩建	年处理8万吨玉米加工技术改造项目	其他玉米深加工产品	8	1500	1000	500	2016年12月~2018年11月
	119	河南懿丰油脂有限公司	扩建	浓香菜籽油	食用植物油加工业	3.6	2700	300	2400	2018年6月~2020年10月
	120	河南中原粮油有限公司	扩建	“中原磨坊”系列面粉、面制品及冷链食品制造项目	馒头	3.2	7800	4000	3800	2016年1月~2018年1月
			新建	“中原磨坊”系列面粉、面制品及冷链食品制造项目	鲜湿面条	3.6	4000	2000	2000	2016年1月~2018年1月
	121	汝南县庆丰面业有限公司	新建	日处理小麦500吨生产线项目	其他小麦深加工产品	15	6000	2000	4000	2017年3月~2018年3月
	122	维维粮油（正阳有限公司）	续建	特香花生油、特香菜子油加工生产线	食用植物油加工业	10	7800	3900	3900	2017年3月~2018年3月
	123	驻马店顶志食品有限公司	扩建	芝麻油深加工	食用植物油加工业	1.5	1356	1356	0	2016年1月~2017年12月
	124	驻马店顶升食品有限公司	扩建	动物油脂加工	食用植物油加工业	3	747	747	0	2016年1月~2017年12月
济源	125	济源伊思源清真饮品食品公司	新建	清真方便面、饼干、糕点等清真食品项目	方便面	3	10000	10000		2017年6月~2019年6月
	126	济源快大饲料有限公司	新建	自动化饲料生产线1条	其他玉米深加工产品	10	5000	5000	0	2017年6月~2018年6月
兰考县	127	兰考县一村面业有限公司	新建	馒头加工	馒头	0.5	200	200	0	2016年12月~2017年6月
			扩建	挂面加工	挂面	2	200	200	0	2016年12月~2017年6月
			扩建	鲜湿面条加工	鲜湿面条	0.3	60	60		2016年12月~2017年6月

续表

市	序号	企业名称	项目类别	项目名称	产品类别	项目规模（万吨）	总投资（万元）	企业自筹（万元）	银行贷款（万元）	建设时间
汝州	128	河南梦想食品有限公司	新建	年产3万吨功能型水果派可松面包项目	烘焙食品	3	13265	5465	7800	2015年12月～2017年12月
			新建	年产5万吨功能型食品项目	烘焙食品	5	27000	11000	16000	2017年6月～2019年12月
	129	河南巨龙生物工程股份有限公司	新建	年产10万吨葡萄糖	淀粉糖	15	34000	6000	28000	2017年8月～2018年12月
			新建	年产2万吨色氨酸、年产10万吨苏氨酸	氨基酸	12	196000	80000	116000	2017年9月～2020年6月
			新建	年产30万吨玉米淀粉	其他玉米深加工产品	30	30000	12000	18000	2017年6月～2018年12月
滑县	130	滑县城关镇丰景粮油购销有限公司	扩建	滑县城关镇丰景粮油购销有限公司加工车间扩建项目	挂面	6	5000	2000	3000	2017年1月～2020年12月
			新建	滑县城关镇丰景粮油购销有限公司方便面建工项目	方便面	2	1000	500	500	2017年1月～2020年12月
长垣县	131	新乡市长远实业集团绿色食品发展有限公司	扩建	绿色食品蔬菜面条加工项目	其他面条产品	1.8	4500	2500	2000	2017年3月～2017年12月
	132	新乡市蒲北食品有限公司	扩建	速冻水饺生产流水线及配套工程	速冻食品	0.5	1800	800	1000	2016年11月～2017年12月
	133	河南志情面业有限责任公司	新建	年产40万吨小麦面粉生产车间	其他小麦深加工产品	40	15000	8000	7000	2019年1月～2020年1月
	133	河南省雪晴农副产品有限公司	扩建	玉米片膨化车间生产线项目	其他玉米深加工产品	7.2	1000	500	500	2017年1月～2017年7月
	134	长垣县李小勇香油调味品有限公司	扩建	香油生产线和花生油生产线及配套车间和配套工程	食用植物油加工业	3.8	4135	3800	335	2017年1月～2017年12月

续表

市	序号	企业名称	项目类别	项目名称	产品类别	项目规模（万吨）	总投资（万元）	企业自筹（万元）	银行贷款（万元）	建设时间
邓州	135	邓州市久友面粉有限公司	扩建	邓州市久友面条加工项目（调味面）	调味面条	1.5	200	50	150	2016年10月~2017年12月
	136	邓州市冰洁面粉有限责任公司	新建	邓州市冰洁面条加工项目（调味面）	调味面条	1.5	200	30	170	2016年12月~2018年3月
	137	邓州市冯氏食品加工有限公司	续建	邓州市冯氏面条加工项目（调味面）	调味面条	2	350	50	300	2016年10月~2017年12月
永城	138	河南硒麦食品有限公司	新建	硒麦食品一、二、三产业融合发展观光园	挂面	8	17600	6000	9600	2017年8月~2018年8月
			新建	硒麦食品一、二、三产业融合发展观光园	其他面条产品	2	4400	1694	2706	2017年8月~2018年12月
			新建	硒麦食品一、二、三产业融合发展观光园	速冻食品	1	5000	1900	3100	2019年3月~2020年12月
新蔡县	139	河南麦佳食品有限公司	扩建	主食深加工产业链	馒头	0.5	300	150	150	2015年8月~2020年8月
			扩建	速冻食品—主食深加工产业链	速冻食品	3	300	150	150	2015年8月~2020年8月
	140	河南吧得食品集团有限公司	新建	年处理30万吨小麦深加工综合项目	挂面	3	3000	3000	0	2017年3月~2018年12月

河南省粮食仓储设施“十三五”发展规划

粮食是关系国计民生的重要战略物资，粮食流通产业是国民经济发展的基础性产业，粮食仓储设施是构建现代粮食流通产业体系的重要组成部分。为贯彻落实中央领导同志关于“管好‘天下粮仓’，做好‘广积粮、积好粮、好积粮’三篇文章”重要讲话精神，加快粮食仓储设施建设，增强政府宏观调控能力，增加农民收入和企业效益，促进地方经济发展和社会稳定，依据《国家粮食安全中长期规划纲要（2008～2020年）》《粮食收储供应安全保障工程建设规划（2015～2020年）》《河南省粮食行业“十三五”发展规划（2008～2020年）》等编制本规划。

一、全省粮食仓储设施现状

（一）粮食仓储建设成绩显著

“十二五”期间，各级财政加大粮食流通基础设施建设资金投入，全省粮食仓储设施建设取得了可喜成绩。全省粮食仓储物流设施建设、仓房维修改造共投资40.06亿元，新增安全储粮仓容1490万吨。其中，粮食仓储设施建设投资10.58亿元，粮食物流设施建设投资9.22亿元，粮食仓库维修改造投资20.26亿元。完成粮食仓储设施项目51个，新增仓容162.85万吨；完成粮食物流设施项目26个，新增仓容139.05万吨；完成粮食仓库维修改造项目2269个，维修仓房15288栋，维修仓容2661.5万吨，新增安全储粮仓容1189万吨。

表1 2011～2015年度粮食流通基础设施建设情况汇总表

（单位：个、万吨）

项目类别		2011年	2012年	2103年	2014年	2015年	合计
粮食仓储设施项目	项目个数	9	7	6	0	29	51
	建设仓容	23.85	20.9	16.3	0	101.8	162.85

续表 1

<table>
<tr><th colspan="2">项目类别</th><th>2011 年</th><th>2012 年</th><th>2103 年</th><th>2014 年</th><th>2015 年</th><th>合计</th></tr>
<tr><td rowspan="2">粮食物流设施项目</td><td>项目个数</td><td>4</td><td>5</td><td>5</td><td>8</td><td>4</td><td>26</td></tr>
<tr><td>建设仓容</td><td>17.6</td><td>28.7</td><td>34</td><td>48.2</td><td>10.56</td><td>139.06</td></tr>
<tr><td rowspan="4">仓房维修改造项目</td><td>项目个数</td><td>583</td><td>601</td><td>397</td><td colspan="2">688</td><td>2269</td></tr>
<tr><td>维修仓库栋数</td><td>5066</td><td>3680</td><td>2161</td><td colspan="2">4381</td><td>15288</td></tr>
<tr><td>维修仓容</td><td>705.7</td><td>587</td><td>461.8</td><td colspan="2">907</td><td>2661.5</td></tr>
<tr><td>新增安全储粮仓容</td><td>113</td><td>53</td><td>116</td><td colspan="2">907</td><td>1189</td></tr>
<tr><td colspan="2">农户储粮专项户数</td><td>50000</td><td>50000</td><td>0</td><td>80000</td><td>0</td><td>180000</td></tr>
<tr><td colspan="2">质检专项个数</td><td>1</td><td>12</td><td>0</td><td>5</td><td>1</td><td>19</td></tr>
<tr><td colspan="2">绿色储粮项目个数</td><td>2</td><td>2</td><td>0</td><td>0</td><td>0</td><td>4</td></tr>
<tr><td colspan="2">新建油罐罐容（万吨）</td><td>2</td><td>2</td><td>11</td><td>0</td><td>0</td><td>15</td></tr>
<tr><td colspan="2">仓储烘干增加能力（万吨）</td><td>11</td><td>15</td><td>4</td><td>0</td><td>0</td><td>30</td></tr>
</table>

（二）粮食仓储基础设施初具规模

“十二五”期间，全省粮食行业采取新建、扩建和修建方式，全面改善粮食仓储基础设施条件。截止“十二五”末，我省总仓容达到 5950 万吨，一定程度缓解了仓容严重不足的矛盾。

（三）粮食仓储装备现代化水平不断提升

全省仓储装备现代化水平显著提高，大中型粮库基本实现装卸输送机械化、计量衡器电子化、粮情检测自动化，改善了工作条件，提高了工作效率。机械通风、粮情检测、环流熏蒸等储粮新技术也得到了广泛应用。

（四）全省粮食仓储设施存在的问题

全省粮食仓储设施建设在取得以上成就的同时，仍存在若干薄弱环节。

1. “危仓老库”数量依然不小

我省年久失修的粮食仓房所占比重仍然很大。目前我省现有仓容中，80 年代及以前建设的仓容还有 784 万吨，这些仓房的储粮设备性能差，大多不能满足安全储粮要求，缺乏粮情检测、环流熏蒸、机械通风、输送、计量等设备，部分仓房需报废重建。

2. 粮食仓容仍有较大缺口

“十三五”期间，随着我省主食产业化的开展、粮食食品加工业、粮食转化企业的壮大，留在本省内消化的粮食数量还将进一步推高省内粮食仓储需求总量。

按照《河南粮食生产核心区建设规划》目标，到2020年，我省粮食总产量预计将达到6500万吨，商品量将达到5000万吨，需要有效仓容5500万吨。我省地方国有粮食企业符合安全储粮要求仓容4069万吨，其中，90年代及以后建设的仓容仅有3285万吨，80年代及以前建设已达到报废年限的仓容784万吨，粮食仓容存在较大缺口。

3. 仓储设施水平相对落后

截止2015年底，全省粮食仓储企业配备环流熏蒸系统仓容占总有效仓容的39.4%；配备粮情测控系统仓容占总有效仓容的69.1%，还有很大的提升空间。现有粮库信息化建设亟待提高。

4. 资产整合运营乏力

（1）资源集聚效应不明显。河南虽然具备了一定规模的粮食仓储物流园区，但粮食产业集聚度不高，品牌优势不明显，特别是地方国有粮食购销企业“小弱散”状况尚未根本改变。

（2）粮食企业创新能力不足。河南的国有粮食购销企业仍停留在买原粮、卖原粮的老套路，跨企业、跨行业、跨区域之间的联合经营开展不力。国有粮食企业与民营流通、加工企业等进行混合所有制的改革还处在起步阶段。

二、全省仓储设施发展优势

（一）粮食资源优势巨大

河南是产粮大省，粮食总产量连续多年居全国首位。随着河南粮食产量的增加，粮食商品量逐年提高，粮食结余量逐年增大。到2020年，河南粮食生产能力预计将达到6500万吨，资源优势十分突出。

（二）信息优势明显

河南粮食信息优势地位明显，河南省粮食交易物流市场、郑州粮食批发市场积极推行信息化改造，推动粮食批发交易的网上远程交易，已经成为国家储备粮、最低收购价粮食等政策性粮食的重要交易平台。郑州商品交易所的“郑州价格”已成为粮食价格波动的“晴雨表”。“中华粮网”、河南省粮食物流交易市场等不断完善信息网络，发展成为集电子商务、仓储物流等多功能为一体的复合型平台。

（三）产业基础较强

近年来，以中储粮河南分公司为代表的央企、以中原粮食集团、豫粮粮食集团等为代表的省级粮食企业，在河南全省范围内构建了网络化、系统化的粮食仓储格局。部分大型食品领域企业的粮食物流部门逐步剥离成为独立的粮食物流企业；外资、外省市、民资粮食企业开始进驻河南，多元化的投资渠道初步形成。

我省粮油食品加工业已经初具规模，形成了比较完整的现代粮油食品工业体系。2015 年，全省规模以上粮油食品工业企业达到 915 家，涌现出了三全、思念、白象、莲花、想念、梦想集团等一批行业龙头企业。全省年处理小麦能力达 5089 万吨，面粉实际生产量达 2648 万吨，生产粮油食品 343 万吨，其中馒头 11 万吨，挂面 132 万吨，速冻米面制品 109 万吨，其他产品 146 万吨，均居国内首位。小麦加工转化企业个数以及年加工转化能力、年产量均居全国同行业首位。食品工业的快速发展对粮食仓储提出了更高需求和更大的市场空间。

三、指导思想、基本原则和主要目标

（一）指导思想

坚持以科学发展观为指导，深入贯彻党的十八大和十八届三中、四中、五中、六中全会精神，以推进粮食行业供给侧结构性改革为主线，以改革创新为动力，全面贯彻新形势下的国家粮食安全战略，全面落实粮食安全省长责任制，形成适应经济发展新常态的粮食行业体制机制和发展方式，切实增强粮食行业发展实力，保障国家粮食安全。以夯实粮食流通基础、筑牢粮食流通“底线”为核心，以全面提升粮食收储、供给能力为目的，坚持统筹兼顾、合理布局，着力构建收购便利、储存安全、供给稳定、价格平稳、质量可靠、调控有力的河南现代粮食仓储体系和保障体系。

（二）基本原则

1. 科学规划，优化布局

主动对接全省各地市总体规划，深入研析全省各区域性粮食生产、储存、流通和消费的状况和当地区位、交通等优势，结合用地及建设要求，优化库点布局，合理确定新建项目规模，避免盲目扩张和低水平重复建设。坚持以近期规划与远期发展相适应，结合实际需求和财力、物力条件，分期实施。

2. 政策引导，市场运作

充分发挥市场机制在资源配置中的基础性作用，注重调控政策引导优质资源的集聚效应，鼓励企业采取各种措施，建立市场化运作模式，创新投资融资、经营管理方式，创造条件加快项目建设，为多种投资主体创造良好的运营环境。深化粮食企业改革，实施兼并重组，促进资产、资源向优势企业集中，切实提高企业融集资金、掌控粮源和抵御市场风险的能力。积极争取中央、地方政府支持，坚持投资主体多元化，积极运用资产置换等手段，盘活行业存量资产。

3. 突出重点，整合资源

根据当地粮食流通特点，要打破地区分割和行业界限，以充分利用现有粮食仓库、码头、加工厂等设施为主，因地制宜整合各种要素，把握完善粮食仓储设施建设重点，积极运用退城进郊、原址改造、资产变现等成功经验，广辟渠道筹集资金，加快粮食仓储设施建设。

4. 改进技术，完善功能

按照大、中、小粮库各自特点，科学定位粮食仓储设施功能，合理选用符合使用功能要求的仓型及储粮技术。

（三）主要目标

到“十三五”末，基本形成全省各级粮食仓储设施主体架构。全省由仓容量扩张向布局优化和储粮科学化水平转变，全省总有效仓容稳定在5500万吨左右，在全省形成以区域性物流中心为龙头、一类库为重点、二类库和骨干库为支撑、基层收储库为基础的河南现代粮食仓储体系，进一步增强粮食仓储设施对粮食产业发展的基础性作用。

在网点布局方面，力争全省仓储企业库区总数由“十二五”期末的2467个缩减至2000个左右，以粮食收储企业为主体，进一步培育形成具有一定规模，集收购、储存、烘干、物流、加工、销售、质量检测、信息服务等功能于一体的粮食产后服务仓储企业及集团企业。以现有仓容量较大粮库为基础，全省重点构建150个左右仓容在15万吨以上、年周转量30万吨以上的一类大型粮库；培育300个左右仓容5万吨以上的二类粮库；扩建和改造600个左右仓容在1.5万吨以上骨干收储库；重点维修和改造1200个收储库点。因地制宜，合理布局，保留和维修部分收购网点，逐年缩减仓容规模偏小的基层收购点。城乡一体化进程比较快的地区可发展兼有收购和供应功能的网点。

在危仓老库改造方面，建立修复“危仓老库”长效机制，用五年左右时间，全面完成我省现有“危仓老库”的维修改造和报废重建工作，健全粮食收储体系，基本消灭“危仓老库”带病存粮以及非正常露天存粮现象，进一步提高仓储水平，保障储粮安全。

在科技方面，深入落实藏粮于技战略，以增强粮食科技创新能力为目标，全面深化粮食科技体制改革，确保科技创新资源高效聚焦于粮食质量安全、绿色生态储粮、粮食现代物流、粮食信息化等技术重大需求，引导粮食科技成果推广应用，提升粮食科技创新能力。

在绿色储粮方面，进一步提高新技术、新设备应用比例。到“十三五”末，实现机械通风、粮情检测、环流熏蒸比例分别达到90%、90%、70%，具备低温和准低温储粮系统的仓容量达到20%，具备气调储粮系统的仓容量达到2%。

在信息化方面，加快互联网、物联网技术在粮食仓储领域的应用。进一步扩大基于物联网技术的粮食流通信息集成系统的研究试点，并在此基础上构建全省统一粮食仓储信息平台，推进粮食仓储资源共享和远程监管。

四、主要任务

目前河南省共有80年代及以前“老旧仓房”仓容784万吨。到“十三五”末，将全面完成我省现有“老旧仓房”原址改造工作，新建收储库点35个，仓容125万吨。根据实际需要进行功能提升，配置环流熏蒸、机械通风、粮情检测等储粮设备。

（一）加强粮食仓储基础设施建设

抓住国家大力推进仓储设施建设的良好机遇，根据粮食产销情况、运输条件，优化现有粮库布局，逐步淘汰部分粮源稀少、交通不便、设施条件差、无维修价值的仓储库点，逐步形成一类粮库、二类粮库与骨干库、小型收储库点相辅相成、有机统一、相得益彰的现代粮食仓储设施网络体系。

1. 完善一类大型粮库

“十三五”期间，在全省粮食主产县（市、区）重点建设管理规范化、设施现代化、储粮科学化的一类大型粮库，80个物流节点所在县（市、区）可以结合物流中心建设储备粮库。同时，省直粮食企业结合粮食产销格局补充建设12个一类大型粮库。一类大型粮库仓容规模要因地制宜，可在15万吨以上，应成为区域内仓储企业的示范。已有一类大型粮库应以完善功能为主，新建粮库要做到高起点、高标准规划，保证粮源充足，流向合理，交通便捷。有土地资源优势的一类粮库应加大仓储与加工、市场的有效衔接，可以通过控股、参股、招商引资等多种形式引进粮油工业、食品、饲料等企业，形成产业链条，集聚发展粮食产业园区。

2. 推进二类粮库和骨干粮库建设

在一类大型粮库建设的基础上，充分考虑行政区划、交通条件、粮源、收购量、储存量、粮食流向等因素，在全省126个县（市、区）重点建设300个左右仓容5万吨以上的二类粮库，600个仓容量在1.5万吨以上规模的骨干粮库，二类粮库和骨干粮库具有收购、储存综合功能，是落实国家收购政策，发挥国有粮食企业主渠道作用的重要载体。二类粮库和骨干粮库应报废一部分没有维修和使用价值的旧仓，在此基础上扩建一定规模的满足安全储粮要求的新仓。

3. 整合一线收储库点

在全省126个县（市、区），对交通便捷、粮源丰富地区重点打造仓容量5000吨以上1.5万吨以下的主要收储库1200个。对粮源稀少、交通闭塞、设施条件差、无维修价值的站点可采取整体出租或出售方式整合。对地处集镇中心、不便粮食进出的库所可采取置换方式，盘活存量资产，筹集资金用于一类、二类、骨干库建设或维修。

4. 建设成品粮油应急低温粮库

通过政策引导，激发相关粮食加工企业参与的积极性，创造低温储备成品粮油双赢模式，吸引粮食加工企业参与到成品粮油储备中来。“十三五”期间，首先在郑州、洛阳等地新建成品粮油应急低温储备库，保障城乡居民和部队应急供应。

（二）维修改造“老旧仓房”

通过原址改造老旧仓房，彻底改变河南省仓储设施陈旧、老化的现状，从根本上消除储粮安全隐患。通过功能提升、原址改造、异地重建、退城进郊等方式，实现危仓老库升级为好仓好库。

仓房维修。维修的主要范围为：仓顶维修、墙体修补、仓内地面维护、门窗及通风系统的改造等。仓房维修后，应满足上不漏、下不潮的基本要求，能密闭、防鼠、防雀，发生粮情异常变化时，能及时处理。

（三）粮食烘干设施建设

粮食收购库点通过功能提升，建设符合本地实际的烘干、装卸、检验、保粮等设施设备，可以有效提高各粮食收储单位的散粮收纳、集并保管、发送能力。

根据各粮食收购库点收购季需烘干粮食的最大收购量，合理确定配置烘干机的产量规模，确保粮食在烘干后的品质达到国家相关标准。到“十三五”末期，列入省规划的库点要重点推广节能、环保型的低温循环式烘干机，力争全部配备烘干系统，使全省烘干能力达到500万吨以上。

（四）加快绿色仓储科技创新和应用

强化粮食科技对现代粮食购销、仓储、物流、加工产业跨越发展的支撑作用，加快建立以企业为主体、市场为导向、产学研相结合的技术创新体系，推动科技成果的转化和推广普及。仓储科技创新重点聚焦于粮食质量安全、绿色生态储粮、粮食现代物流、粮食信息化等方面。

1. 加强粮食质量安全保障科技研发

开展粮食质量风险识别监测预警、过程控制和应急处置科技研究，解决粮食在收购、储藏、加工、保鲜、消费等环节质量安全检验、监测、控制和处理关键技术问题。

随着新型粮食检化验仪器设备不断推出及信息技术的应用，粮食应从收购、烘干、储藏保管及出库等全过程进行质量和品质控制。基层收储库不仅要配置常规检化验仪器设备，新型快速检验仪器、在线检测仪器，有条件的库点也可考虑应用品质检测仪器。

2. 推进绿色生态储粮技术研发，确保储粮安全

对粮食收购、储藏作业的共性关键技术，集成示范安全储粮技术，先进的绿色生态储粮科技成果进行重点推广。

在仓库建设过程中全面采用成熟规范的“四合一”等技术，积极推广应用其他成熟的新技术、新材料、新设备、新仓型，提升储粮技术水平。

重点研究主要粮食品种储藏特性与延长储存周期综合技术。研究开发机械通风、粮堆结露发热虫霉防治技术和装备。开展储粮虫霉生物、物理等绿色防治以及其他减少化学药剂使用的综合治理新技术、新设备及高效新药剂研发。根据不同地域仓库的实际需要，可选择保水通风技术和快速降温、降水通风技术、横向通风技术等多种通风技术。有条件的项目在粮食仓储技术上可采取太阳能、浅层地能、地表水冷却等新型能源。

3. 加强粮食现代物流技术推广及研发

围绕粮食收储、进出仓作业、流通运输等关键物流环节，应用新技术方法，开展系统化粮食物流技术及配套装备研发，提升粮食物流效率，降低物流成本，促进粮食物流产业现代化发展。

在平房仓推广大产量高效环保进仓新工艺装备技术、新型智能化高效出仓装备技术，在浅圆仓推广粮食进仓多点智能防分级技术、高效智能化管控

出仓技术。研究低碳节能环保新型粮食仓储设施技术。

4. 加快粮食行业信息技术应用

对粮食仓储企业信息一体化技术系统进行升级改造，完善或新建一卡通出入库、多参数粮情检测、智能通风、智能气调、仓储业务管理等系统，实现对库内粮食质量、数量等数据进行交互的功能，实现信息互通和共享，推进智能仓储信息集成技术与应用示范，强化对政策性粮食的远程监管能力。

推广粮食基础数据采集、储粮数量在线监测、智能通风、粉尘防爆、智能精准干燥、入仓水分控制等智能仓储技术装备。运用储粮云服务系统，促进粮食信息资源开发利用和共享。

5. 推进储粮新技术与物流及加工相衔接

重点支持和鼓励与物流、粮油加工相衔接的储粮新技术、新工艺，实现粮油产业上下游无缝有机衔接。

（五）着力推进粮食产业化经营

大力发展粮食产业化经营，依靠各类龙头组织的带动，将粮食生产、加工、贮藏、运输、销售等各个环节有机结合起来，推动我省粮食产业升级和结构优化。鼓励粮食生产者、仓储企业、流通企业、加工企业间合作，形成“农户→粮食收储企业→粮食加工企业→食品加工企业”产业链。积极支持农民专业合作社和农民经纪人为农民提供产销服务，提高农民生产和粮食销售的组织化程度。

（六）推进粮食行业供给侧改革

当前，省内部分粮食品种阶段性供过于求特征明显，粮食流通服务和加工转化产品有效供给不足，粮食“去库存”任务艰巨。现行收储制度需进行改革完善，以市场需求为导向，调整现有储粮结构。通过灵活运用竞价销售、定向销售、邀标销售、轮换销售等多种方式，合理确定销售价格，科学安排库存粮食销售进度和次序。加快发展粮食精深加工转化，除传统粮食产品外，着力加强培育向化工、医药、保健等领域所需粮食精深加工产品的转化渠道。

五、建设布局

河南省粮食仓储设施布局主要分为三个层次，首先是具有示范作用的一类大型粮库，达到设施一流、管理一流，体现河南仓储设施的现代化水平。其次是兼顾收储功能的二类粮库和骨干粮库，是物流中心和一类大型粮库的有力补充。最后是方便农民售粮的基层收储库。

（一）一类大型粮库布局

每个县（市）建设一个一类大型粮库，并成为当地粮食行政管理部门的粮食宏观调控载体。已布局有物流中心的地区原则上在物流中心内布局建设一类粮库。“十三五”期间，全省重点建设或完善150个一类大型粮库，布局如下（见表2）：

表2 “十三五”一类粮库布局

序号	地区	主要布局区域	数量（个）
		合计	150
1	郑州	新郑市、中牟县	4
2	开封	杞县、通许县、尉氏县、祥符区、兰考县	6
3	洛阳	孟津县、伊川县、偃师市、汝阳县、新安县、洛宁县、嵩县	9
4	平顶山	叶县、郏县、汝州	5
5	安阳	安阳县、汤阴县、滑县、内黄县、林州市	8
6	鹤壁	浚县、淇县	4
7	新乡	新乡县、获嘉县、原阳县、延津县、封丘县、长垣县、卫辉市、辉县市	11
8	焦作	博爱县、武陟县、沁阳市、温县、孟州市	7
9	濮阳	清丰县、南乐县、范县、台前县、濮阳县	7
10	许昌	长葛市、建安区、鄢陵县、襄城县、禹州市	7
11	漯河	舞阳县、临颍县、郾城区	5
12	三门峡	灵宝市、陕县、渑池县	4
13	南阳	卧龙区、邓州市、宛城区、南召县、方城县、西峡县、镇平县、内乡县、社旗县、唐河县、新野县、桐柏县	13
14	商丘	梁园区、虞城县、睢阳区、民权县、宁陵县、睢县、夏邑县、柘城县、永城市	12
15	信阳	浉河区、息县、淮滨县、平桥区、潢川县、光山县、固始县、商城县、罗山县、新县	11
16	周口	扶沟县、西华县、商水县、太康县、鹿邑县、郸城县、淮阳县、沈丘县、项城市	12
17	驻马店	驿城区、确山县、泌阳县、遂平县、西平县、上蔡县、汝南县、平舆县、新蔡县、正阳县	12
18	济源	济源市	1
19	省属企业	中原粮食集团、豫粮集团、河南粮食交易物流市场省交易市场、省军供中心	12

（二）二类粮库、骨干粮库和一线收储库布局

“十三五”期间，在全省126个县（市、区），重点建设和完善300个二类粮库、600个骨干库、1200个基层收储库。各市应根据省规划布局数量细化到县（市、区）和具体库点（见表3）。

表3 “十三五”重点建设二类粮库、骨干粮库和一线收纳库布局

地区	二类粮库	骨干库数量	重点收储库
全省	300	600	1200
郑州	8	16	35
开封	12	24	50
洛阳	15	30	60
平顶山	10	15	30
安阳	20	40	80
鹤壁	9	18	35
新乡	30	60	120
焦作	10	25	50
濮阳	10	20	40
许昌	15	30	60
漯河	10	20	40
三门峡	8	16	30
南阳	25	50	100
商丘	30	60	120
信阳	25	50	100
周口	30	60	120
驻马店	30	60	120
济源	3	6	10

六、重点支持项目及投资测算

为实现粮食仓储设施建设目标和任务，规划期内主要建设内容包括（见表4）：

（一）仓容建设项目

对一类大型粮库、二类粮库和骨干粮库仓容建设，可采取报废老旧仓房重建、老库空地新建、老库整体置换迁址新建等方式。新建仓应按照现代化

标准建设，配置粮情检测、机械通风、环流熏蒸三大保粮系统。“十三五”期间报废老旧仓房并新建仓容约 1000 万吨。按每 1 万吨仓容需建设资金 500 万元测算，总投资约 50 亿元。

表 4 “十三五”全省粮食仓储物流设施建设项目及投资表

序号	项目名称	主要建设内容	总投资（亿元）
1	粮库仓容建设项目	建设 1000 万吨仓容	50
2	仓房维修改造项目	600 个骨干库和 1200 个收纳库维修改造	9
3	烘干中心建设项目	100 个烘干项目建设	2
4	绿色低温储粮项目	含低温、准低温储粮和气调储粮项目	12
合计			73

（二）仓房维修项目

支持骨干粮库和一线收储库的仓房维修，优先安排一线收储库点。维修的主要范围为：仓顶维修、墙体修补、仓内地面维护、门窗及通风系统的改造等。仓房维修后，应满足上不漏、下不潮的基本要求，能密闭、防鼠、防雀，发生粮情异常变化时，能及时处理。“十三五”期间，全省按重点打造 600 个骨干库和 1200 个收储库，每个库维修投资 50 万元测算，需投资 9 亿元。

（三）烘干中心建设项目

烘干中心建设是当前粮食收购形势的迫切需要。“十三五”期间，支持一类大型粮库和二类粮库低温烘干设备的购置。“十三五”期间拟建设 100 个，按每个库投资 200 万元测算，需投资 2 亿元。

（四）绿色低温储粮项目

为解决成品粮及过夏稻的安全储存问题，研究提出符合河南实际低温、准低温仓型及设备选型，并在全省先试点再推广。到“十三五”末，全省新建低温、准低温仓容 200 万吨，按每万吨低温、准低温仓容投资 400 万元测算，总投资 8 亿元；同时，按达气调储粮仓容量占有效仓容比例 2% 的目标，将建设气调储粮仓 100 万吨；按每万吨气调储粮仓仓容投资 400 万元测算，将投资 4 亿元。

七、保障措施

（一）完善粮食仓储设施建设投资机制

完善粮食仓储设施建设投资机制，在政府政策支持下，鼓励社会多元主体投资项目建设。

1. 政府投资

随着投资体制改革，粮食仓储设施项目主要依靠企业投资建设。但粮食仓储设施是保障粮食安全的载体，具有一定公共属性，需要各级政府安排必要的投资。应建立政府投资机制，把政府投资粮食仓储设施列入粮食省长负责制下的一项重要内容。制定相应工程项目的具体实施方案，统筹推进。

2. 社会投融资

除政府投资外，大量的粮食仓储物流设施建设投资需要通过社会多渠道投资来解决。一类大型粮库、二类粮库、骨干库、一线收储库的建设主体主要是国有粮食企业，可以通过土地出让、工商联合、资产重组、产权转移、银行贷款等多种方式筹集建设资金。国有粮食企业应积极争取地方政府和有关部门的支持，创造良好的投资环境，吸引不同所有制企业进入粮油仓储建设行业，解决建设资金短缺难题。

3. 创新融资方式

引入新型仓储建设融资方式，利用安全、有效方式多渠道为行业引入新鲜血液。可研究试点采取小微金融合作社、开展动产质押模式、组建粮食产业投资担保有限公司、电子商务网站与银行合作开展网络银行业务等创新融资方式，降低企业融资成本。

（二）建立粮食仓储设施运作机制

1. 明确规划实施职责

本规划由各级粮食部门会同发改、财政部门共同组织实施。各市的项目建设必须与省总体规划相衔接。省粮食局会同省发改委，做好国家安排重点粮食仓储项目申请，加强项目的建设和管理，组织好项目的竣工验收。省粮食局会同省财政厅研究制定省级补助资金项目的评审论证标准，提出年度支持重点和项目指南，统一受理项目申请，组织项目评审、论证工作，对补助资金项目实施过程进行跟踪管理，并向省政府汇报重点项目进展情况。同时，配合财政厅制定省级财政专项、引导资金管理办法，编制年度引导资金使用计划，依据项目合同及实施进度审核拨付项目经费，负责资金使用情况的监督、检查。

2. 加强项目建设管理

严格粮食仓储设施建设项目管理，建设项目必须具有独立法人资格，具有一定的资金筹措能力，切实按照备案或审批确认的项目建设内容组织建设。严格项目建设程序，执行国家和省有关招标投标、工程监理等各项规定。在施工建设中，要加强质量、进度、安全及资金使用等方面的控制和管理。项目建成后，要完善竣工验收手续，实施项目后评估。

（三）完善粮食仓储设施建设相关政策

1. 用地政策

对国家和省重点支持的粮库建设项目，协调土地部门在用地安排上予以优先，实行与工业项目用地同等的供地方式。

2. 信贷政策

协调各级中国农业发展银行继续支持粮食仓储设施的建设，按照《中国农业发展银行粮食仓储设施贷款管理暂行办法》，对符合条件的企业给予信贷支持，解决建设过程企业自有资金不足的问题。

（四）注重建设人才的引进和培训

拥有一批高素质、专业化的粮食行业基本建设人才队伍是本规划能够顺利实施的重要保障。各级粮食行政主管部门和粮食企业要加强与大专院校、科研院所、设计部门的合作，积极引进高技术人才；加强粮食行政管理和粮食企业人员的培训，宣传贯彻国家和省有关建设规范与标准，提高项目建设质量。

河南省粮食物流设施“十三五”发展规划

为发展我省特色粮食现代物流体系，合理建设河南省跨省粮食流通通道以及省内粮食流通通道，降低粮食流通成本，提高流通效率，促进粮食加工业发展，依据《河南省国民经济和社会发展第十三个五年规划纲要(2016~2020年)》《国家粮食行业物流业“十三五”发展规划（2016~2020年)》《河南省粮食行业“十三五”发展规划（2016~2020年)》《国家粮食行业物流业“十三五”发展规划（2016~2020年)》等，编制本规划。

一、粮食物流设施和粮食流通现状

（一）“十二五”期间粮食物流情况分析

1. 粮食分品种流量流向情况。我省粮食流通量大，小麦为净流出，玉米、稻谷以品种调剂为主，均有流出和流入。随着我省城镇化的加快推进和粮食生产与加工量的迅猛增长，预计省内粮食流通量、跨省成品粮流通量等将进一步增加，跨省原粮流通量也将有一定速度的增长。

2. 河南粮食物流基础设施现状。截止“十二五”末，全省总仓容5950万吨，拥有各类粮食仓库（库区）共2467个。按粮库规模划分，10万吨以上的粮库116个，5万~10万吨的粮库174个，2.5万~5万吨的粮库381个，其余为2.5万吨以下。拥有铁路专用线总长度119千米，有效长度65千米。

3. 粮食运输方式现状。全省粮食运输方式以铁路、公路运输为主；省内粮食流通以汽车散运为主，跨省长距离粮食流通以包粮火车运输为主。

（二）“十二五”期间粮食物流建设成绩

“十二五”期间，全省粮食物流设施得到了快速发展，按照布局优化，结构合理，功能提升，重点突出的要求，正在逐步形成以现代粮食物流园区为龙头、一级节点库为重点、二级库与骨干库为补充和基层收储库为支撑的粮食仓储物流体系。五年期间全省共投资9.22亿元，其中，中央财政资金

1.005 亿元，完成粮食物流设施项目 26 个，新增中转仓容 139.06 万吨。粮食物流设施建设为增强宏观调控能力、加快粮食流通产业发展奠定了物质基础。

"十二五"以来，全省粮食行业采取新建、扩建和修建方式，全面改善粮食物流基础设施条件。"十二五"期间全省中转仓容增幅较大，是我省有史以来增加最多的时期。

表 1　2011 ~ 2015 年度粮食流通基础设施建设情况汇总表

（单位：个、万吨）

项目类别		2011 年	2012 年	2103 年	2014 年	2015 年	合计
粮食物流设施项目	项目个数	4	5	5	8	4	26
	建设仓容	17.6	28.7	34	48.2	10.56	139.06

表 2　2011 ~ 2015 年度粮食流通基础设施建设资金投入情况汇总表

（单位：万元）

	合计		2011 年		2012 年		2013 年		2014 年		2015 年	
项目类别	总投资	中央投资	总投资	中央投资	总投资	中央投资	总投资	中央投资	总投资	中央投资	总投资	中央投资
物流项目	92177	10050	10700	1400	23250	1400	18850	1900	31327	3500	8050	1850

（三）河南粮食物流设施存在的问题

河南省粮食物流在取得以上成就的同时，仍存在若干薄弱环节。

1. 粮食物流基础设施相对落后

（1）中转仓容不足

我省现有仓容中能够适合粮食散装散卸的立筒仓、浅圆仓的比重很低，绝大部分平房仓不适应散粮快速接收发放的需要。

（2）运输方式落后

目前我省散粮汽车运输进入快速发展阶段，散粮火车和内河散粮船舶运输刚刚起步。长距离粮食物流大多采用传统的包粮运输方式，粮食出库环节基本采用包装，抵达目的地后还需拆包。整个流通环节需要经过多次灌包、拆包，导致粮食物流成本高、损耗大、掺混杂质情况严重。

2. 粮食物流行业总体技术水平和服务能力较低

（1）粮食物流企业服务方式和手段比较原始和单一

目前多数从事粮食物流服务的企业只能简单地提供运输（送货）和仓储服务，而在流通加工、粮食物流信息服务、库存管理、粮食物流成本控制等粮食物流增值服务方面，还有待提升。

（2）粮食物流企业组织规模较小

目前从事粮食物流服务的企业，规模和实力都还比较小,，缺乏必要的竞争实力，网络化的经营组织尚未形成。

（3）粮食物流服务能力难以满足粮食加工业发展需求

全省粮食加工与粮食生产之间的粮食流通系统发展仍处于简单的初级供需阶段，尚未形成一体化发展模式，制约了粮食精深加工的健康良性发展。

3. 粮食物流资源缺乏有效整合

（1）资源集聚效应不明显

全省虽然具备了一定规模的粮食仓储物流园区，但粮食产业集聚度不高，品牌优势不明显，特别是地方国有粮食购销企业“小弱散”状况尚未根本改变。

（2）粮食企业机制创新乏力

国有粮食购销企业仍停留在买原粮、卖原粮的老套路，跨企业、跨行业、跨区域之间的联合经营开展不力。国有粮食企业与民营、加工企业等进行混合所有制的改革还处在起步阶段。

二、河南的发展优势

（一）区位交通优势突出

河南地处中原，交通区位优势明显。截止2015年底，全省公路通车总里程26.7万公里。到“十三五”末，全省铁路营业里将程达8000公里以上，“米”字形高速铁路网和“四纵六横”货运铁路网基本形成。航道通航里程达到1855公里，形成淮河、沙颍河、涡河、沱浍河、唐白河五条通江达海的水运通道。我省承东启西、连南贯北的区位优势和以发达的公路、铁路综合粮食运输通道，为发展粮食现代物流提供了良好的基础条件支撑。

（二）粮食资源优势巨大

河南是产粮大省，粮食总产量曾连续多年居全国首位。随着河南粮食产量的增加，粮食商品量逐年提高，粮食结余量逐年增大。

（三）信息优势明显

河南粮食信息优势地位明显，河南省粮食交易物流市场、郑州粮食批发市场积极推行信息化改造，推动粮食批发交易的网上远程交易，已经成为国家储备粮、最低收购价粮食等政策性粮食的重要交易平台。郑州商品交易所的“郑州价格”已成为粮食价格波动的“晴雨表”。“中华粮网”、河南省粮食物流交易市场等不断完善信息网络，发展成为集电子商务、仓储物流等多功能为一体的复合型平台。

（四）产业基础较强

近年来，以中储粮河南分公司为代表的央企、以中原粮食集团、豫粮集团等为代表的省级粮食仓储企业，在河南全省范围内构建了网络化、系统化的粮食流通格局。部分大型食品企业的粮食物流部门逐步剥离成为独立的粮食物流企业；外资、外省市、民资粮食物流企业开始进驻河南，多元化的投资渠道初步形成。

我省粮油食品加工业已初具规模，形成了较为完整的现代粮油食品工业体系。2015 年，全省规模以上粮油食品工业企业达到 915 家，涌现出了三全、思念、白象、莲花、想念、梦想集团等一批行业龙头企业。全省年处理小麦能力达 5089 万吨，面粉产量达 2648 万吨，生产粮油食品 343 万吨，其中馒头 11 万吨，挂面 132 万吨，速冻米面制品 109 万吨，其他产品 146 万吨，均居国内首位。小麦加工转化企业个数以及年加工转化能力、年产量均居全国同行业首位。粮油食品加工业的快速发展，对粮食物流提出了更高需求和更大的市场空间。

三、指导思想、基本原则和主要目标

（一）指导思想

深入贯彻党的十八大和十八届三中、四中、五中、六中全会精神，以推进粮食行业供给侧结构性改革为主线，不断改善粮食物流设施条件。以形成便捷、高效、节约的现代化粮食物流体系为目的，坚持科学规划、优化布局、政策引导、市场运作、突出重点、整合资源的基本原则，形成重点粮食产业园与物流通道相结合，跨省散粮物流通道节点与省内散粮物流流通节点相结合，粮食物流企业与粮食仓储企业、粮食加工企业相结合的现代化粮食物流新格局。

（二）基本原则

1. 科学规划，优化布局

主动对接全省粮食行业总体规划，深入研析全省各区域性粮食生产、储存、流通和消费的状况和当地区位、交通等优势，统筹安排，优化物流节点布局，合理确定新建项目规模，避免盲目扩张和低水平重复建设。坚持以近期规划与远期发展相适应，结合实际需求和财力、物力条件，分期实施。

2. 政策引导，市场运作

充分发挥市场机制在资源配置中的基础性作用，注重调控政策引导优质资源的集聚效应，鼓励企业采取各种措施，建立市场化运作模式，创新投资融资、经营管理方式，创造条件加快项目建设，为多种投资主体创造良好的运营环境。深化粮食企业改革，实施兼并重组，促进资产、资源向优势企业集中，切实提高企业融集资金、掌控粮源和抵御市场风险的能力。积极争取中央、地方政府的支持，坚持投资主体多元化，积极运用资产置换等手段，盘活行业存量资产。

3. 突出重点，整合资源

根据当地粮食流通特点，打破地区分割和行业界限，以充分利用现有粮食物流节点、码头、加工厂等设施为主，因地制宜整合各种要素，把握完善粮食物流设施建设的重点，积极运用退城进郊、资产变现等成功经验，广辟渠道筹集资金，加快粮食物流设施建设。

4. 改进技术，完善功能

按照各自特点，科学定位物流节点项目、物流园区项目功能，合理选用符合使用功能要求和适应当地自然条件的物流设施。积极采用成熟的新技术、新工艺、新设备，提高粮食物流现代化水平。促进粮食物流与收储、加工等环节的对接，推广散装、散运、散卸、散存技术，满足粮食快速流通需要。

（三）主要目标

到2020年，建成省内散粮物流通道及粮食物流节点的网络体系，基本实现粮食的散装、散卸、散运、散存。根据全省粮食流量、流向情况，依托主要铁路和公路干线，全省形成5条跨省粮食物流通道，构建连接省内产销、加工区的粮食物流通道网络体系。

到2020年，完成粮食物流资源整合，培育出5个年营业收入超过5亿元的大型粮食流通企业；建成5个产值超20亿元，具有粮食收购、仓储、运输、交易、精深加工等综合功能的大型粮食现代物流园区；基本实现粮食物流全过程的有效衔接和供应链管理，全省粮食物流散化量占总粮食流通量的比重提升至80%，粮食物流成本占总流通成本的比重降至15%以内；依托我省完善的粮食现代物流体系，实现与京、津、沪、粤、浙等主销区的产销对接和向华中、西南、西北地区的辐射，确立我省在黄淮海地区小麦输出通道上的主导地位和郑州在国家粮食物流通道中的中心枢纽地位。加快互联网、物联网技术在粮食物流领域的应用，扩大基于物联网技术的粮食流通信息集成系统的研究试点，并在此基础上构建全省统一粮食物流信息平台，推进粮食物流资源共享和网上作业。

四、主要任务

（一）粮食物流通道和节点

围绕本规划提出的五大跨省粮食物流通道和省内粮食物流通道网络，突出“四散化”功能，强化综合配套，重点构建 80 个国家级和省级粮食物流中心节点。

物流中心应做到高起点规划、高标准建设、高效率运转，要具有较强的资源优势、较广的辐射范围和较大的发展空间。仓型首选适合机械化作业的浅圆仓、立筒库等，完善配套散粮中转码头、铁路散粮专用线等散粮接收、发放设施。推动水路、铁路和公路多种运输方式高效衔接，提高粮食快速中转能力。通过综合配套提高定位，发挥综合服务功能，运用现代信息网络技术建设粮食物流信息系统，逐步推进电子商务。配套建设粮油质量检验检测系统，加强粮油质量安全全程监控。加大力度招商引资，在国家政策支持范围内积极吸纳国内外知名企业入驻中心园区，鼓励配套发展粮油精深加工、食品、饲料等产业，提升产业层次，促使物流中心成为粮食产业集聚区。

（二）培育大型粮食物流企业

加快粮食物流资源重组整合步伐，走规模化、集约化发展的路子，提高粮食行业总体竞争力。围绕增强企业核心竞争力，鼓励优势企业开展跨地区、跨所有制的兼并重组，加快规模扩张。整合郑州粮食批发市场、河南省粮食物流交易市场、中原粮食集团、河南省豫粮集团等粮食企业的物流资源。联合中储粮河南分公司，组建大型粮食现代物流企业集团。大力开展招商引资，积极引进国内外优势企业，整合省内粮食企业，带动行业快速发展。支持郑州、新乡等市的大型骨干粮食企业与中央大型粮食企业集团的合资合作。引导粮食企业利用期货市场套期保值，规避风险，全面提高核心竞争力。鼓励、支持非公有制粮食物流企业发展，建立健全对各种所有制形式企业一视同仁的政策体系和管理机制，营造有利于非公有制经济发展的良好环境和条件。运用现代物流理念，推动传统粮食储运企业创新经营管理机制，加快改造仓储设施，提高粮食进出库机械化作业水平。调整车型结构，配置散粮专用车辆，发展单元化散装运输，提高运输效率。建立信息管理系统，提高企业信息化水平，充分发挥粮食集并、储存、运输、分货配送、信息及综合服务功能的优势，逐步发展成为现代粮食物流中心。引导粮食批发市场转变传统经营模式，积极开展物流、信息服务等增值业务。促使粮食信息中心与粮食批发市场相辅相承，紧密联系，互相促进，提高粮食流通产业的市场竞争力，拓宽粮食流通行业的发展空间。

（三）建设粮食市场体系

实施粮食批发市场体系建设工程，重点建设和发展大宗粮食品种的区域性、专业性批发市场和大中城市成品粮油批发市场以及城乡粮食集贸市场。重点扶持河南省粮食物流交易市场和郑州粮食批发市场建设粮食物流信息平台，鼓励和支持完善市场服务功能，发展网上交易、现货合同交易等新型交易方式，发挥在粮食交易、电子商务、物流配送和粮价形成方面的龙头作用，进而建设成为全国性粮食批发交易物流市场和我省粮食信息行业的领军企业、政府实施粮食宏观调控的重要载体；支持商丘、漯河等地建设区域性粮食批发交易市场，在保证仓储、装卸、交易等功能的基础上，完善加工、包装、配送和信息处理等功能；规范发展城乡粮食集贸市场。逐步形成以全国性粮食批发市场为龙头，区域性粮食批发交易市场为骨干，城乡粮食集贸市场为补充，物流、商流、资金流、信息流有机结合的新型粮食流通体系。

（四）打造内陆粮食口岸

围绕航空港及铁路枢纽，建设粮食口岸，促进我省利用国内、国外“两种资源、两个市场”，满足企业需要，打造国际粮食集散地，促进国家粮食生产核心区建设。通过中欧班列（郑州）、铁海联运、航空运输等方式进出口粮食，改变依赖沿海口岸进出口粮食的局面，使国际粮食贸易的货源、定价、物流等上游主导权牢牢掌握在本土企业手中。通过探索进口粮食保税加工、期货交割、配额交易、跨境电商等更多创新业态，为把郑州打造成国内外知名进出口粮食交易分拨中心奠定坚实基础，助力河南粮食产业无缝衔接国际产业链，加快河南深度融入国家“一带一路”建设。

（五）加快物流新科技应用

强化粮食科技对现代粮食购销、仓储、物流、加工产业跨越发展的支撑作用，加快建立以企业为主体、市场为导向、产学研相结合的技术创新体系，推动科技成果转化和推广普及。围绕粮食进出仓作业、流通运输等关键物流环节，应用新技术新方法，开展系统化粮食物流技术及配套装备研发，提升粮食物流效率，降低物流成本，促进粮食物流产业现代化发展。

平房仓着力推广大产量高效环保进仓新工艺装备技术、新型智能化高效出仓装备技术；立筒仓和浅圆仓重点推广粮食进仓多点智能防分级技术和高效智能化管控出仓技术。同时，还要认真研究低碳节能环保新型粮食物流仓储设施技术，大力推广及研发散粮火车、粮食集装单元化运输快速装卸和智能化品控监测技术装备等。

（六）推进粮食产业化经营

大力发展粮食产业化经营，依靠各类龙头组织的带动，将粮食生产、加工、贮藏、运输、销售等各个环节有机结合，推动全省粮食产业升级和结构优化。鼓励粮食生产者、流通企业、加工企业相互合作，形成“农户→粮食流通企业→粮食加工企业→食品加工企业”产业链。引导天冠、思念、三全、想念等粮食加工龙头企业，制定物流发展战略，逐步依托自身产业链条，尝试构建供应链并实施供应链管理，建立与上下游企业之间的战略联盟，构建一体化供应链，统筹配置各环节资源，推广面粉散装罐车配送模式，实现综合效益最大化。鼓励粮食物流企业抓住机遇，完善企业信息系统，提升技术装备水平，积极与粮食供应链对接。引导大型粮食产业化经营企业紧紧围绕小包装精装粮食产品、绿色粮食产品等城乡居民对食品优质化、多样化的消费需求，创新技术、经营、管理和服务，提高产品的质量和档次，打造一批豫粮名牌产品，提高市场竞争力。

五、建设布局

全省粮食物流设施布局主要是建设对粮食产业发展起龙头带动作用的国家和省级粮食物流节点，同时粮食物流节点要与各级仓储设施功能相结合，发挥仓储设施的物流功能。

（一）粮食物流通道的规划布局

我省位于黄淮海小麦主产区，与黄淮海小麦流出通道相衔接，主要流向广东、福建、上海、北京、天津、四川、广西、云南、甘肃、宁夏、青海等省市。根据我省粮食流量、流向的情况，依托主要铁路和公路干线，全省形成五条跨省粮食物流通道，并围绕跨省通道，构建连接省内产销、加工区的粮食物流通道网络体系。

1. 跨省粮食物流通道。河南省位于黄淮海小麦主产区，与黄淮海小麦流出通道相衔接，可形成五条跨省粮食物流通道。

河南—华南粮食输出通道。省内粮食输出地主要为商丘、周口、开封、驻马店、信阳、南阳等市，省外粮食接收地为广东、福建及湖北、湖南、广西、云南等，品种主要是小麦、稻谷和少量玉米。鼓励和支持信阳地区在长江中下游稻谷流出通道中发挥积极作用。

河南—华北粮食输出通道。省内粮食输出地主要为商丘、新乡、开封、安阳、濮阳等市，省外粮食接收地为北京、天津、河北等，品种以小麦为主。

河南—华东粮食输出通道。省内粮食输出地主要为周口、商丘、开封、濮阳等市，省外粮食接收地为上海、江苏、浙江、山东等，品种主要是小麦、玉米。

河南—西部粮食输出通道。省内粮食输出地主要为新乡、焦作、开封、南阳、驻马店、漯河等市，省外粮食接收地为四川、重庆、贵州、云南陕西、山西、甘肃、宁夏、青海等省区，品种主要是小麦、玉米及稻谷。

河南沿淮河、沙颍河、唐白河水运粮食输出通道。随着淮河、沙颍河、唐白河及其支流航运条件的改善，为河南粮食输出提供了新的流通渠道，通过建设淮滨、周口、漯河、唐河等沿淮河、沙颍河、唐白河粮食码头物流项目，开辟粮食水运新通道。

跨省粮食流通的运输方式以铁路运输为主、内河运输为辅，南北方向的粮食运输主要通过京广、京九和焦柳等铁路线，东西方向主要通过陇海、宁西、新焦、新荷等铁路线和省内淮河、沙颍河。

2. 省内粮食物流通道。我省粮食生产主要分布在周口、驻马店、商丘、南阳、信阳、新乡、安阳、开封、许昌、漯河、濮阳、焦作等市。粮食加工业相对集中，主要集中在郑州、开封、新乡、商丘、许昌、漯河、周口、南阳等市。粮食消费方面，除传统的豫西粮食销区以外，以郑州为中心的中原城市群城镇化步伐加快，粮食消费量逐年提高。综合以上粮食生产、加工和消费等因素，省内粮食物流流向主要为由东、南、北三面向中西部地区输送的供给物流，形成粮食主产区到粮食加工聚集区和省内粮食销区的物流通道网络。同时，该通道网络与跨省粮食物流通道互联互通，实现毗邻省份之间的粮食余缺调剂和功能互补。

省内粮食流通方式主要是汽车散装运输，依托省内高速公路、国道、省道及乡村公路构成的公路运输网，承担省内粮食主产区到销区和大型粮食加工企业的粮食流通。

（二）粮食物流节点的规划布局

根据跨省和省内粮食物流通道布局，建设9个综合性粮食现代物流园区；在我省国家粮食物流通道上布局20个跨省物流节点；在省内粮食现代物流通道上，选择60个有充足粮源和物流需求，条件较好的中转库、储备库和大型粮食批发市场，建设省内粮食物流节点。

1. 全省现代物流园区布局

根据我省粮油食品加工业发展状况，在郑州、开封、新乡、许昌、濮阳、周口、信阳、南阳、商丘等地区规划建设9个具有贸易、加工、储存、运输和信息服务等多种功能的综合性粮食现代物流园区，吸引粮食加工、储藏、运输及食品企业向园区转移和集中，促进产业的集聚和融合，拉长粮食产业链条。以粮食物流园区为载体，实现粮食企业供应、加工和销售物流的一体化，逐步构建粮食现代物流供应链，推进我省粮食加工业发展。全省粮食现代物流园区建设分布见图1、表3。

图1 全省粮食现代物流园区建设分布图

2. 跨省粮食物流节点布局

豫北跨省粮食物流节点。豫北粮食产区包括安阳、新乡、鹤壁、濮阳、焦作等市。依托安阳汤阴国家粮食储备库、新乡新华国家粮食储备库、濮阳皇甫国家粮食储备库等大型粮食仓储库点，在区域内规划建设4~5个跨省粮食铁路散运战略装车点，衔接黄淮海粮食物流通道，服务于京津、西北等粮食主销区。

表3　粮食综合物流园区一览表

序号	园区（节点）名称	规划面积（亩）	规模（万吨）		园内分区				功能			
			仓容	中转能力	仓储	加工	贸易	综合配套	贸易	信息服务	运输配送	电子交易
1	郑州粮食现代物流园区	100	8	40	√	√	√	√	√	√	√	√
2	开封城南粮食物流园区	300	12	70	√	√	√	√	√	√	√	√
3	新乡粮食现代物流园区	555	20	100	√	√	√	√	√	√	√	√
4	豫粮集团濮阳粮食产业园	608	6	60	√	√	√	√	√	√	√	√
5	许昌市粮食物流园区	1500	15	292	√	√	√	√	√	√	√	√
6	南阳市唐河物流园区	1000	30	100	√	√	√	√	√	√	√	√
7	商丘粮食物流园区	300	20	40	√	√	√	√	√	√	√	√
8	周口粮食现代物流园区	150	6	100	√		√	√	√	√	√	√
9	信阳粮食现代物流园区	300	20	60	√	√	√	√	√	√	√	√

豫东跨省粮食物流节点。豫东粮食产区包括商丘、周口、郑州、开封等市，为黄淮海优质小麦主产区。依托商丘国家粮食储备库、周口东郊国家粮食储备库、开封城南国家粮食储备库等粮食物流节点，在区域内规划建设6～8个跨省铁路散运战略装车点和内河散运码头节点，衔接黄淮海粮食物流通道，服务于长三角、东南沿海等粮食主销区。

豫南跨省粮食物流节点。豫南包括信阳、南阳、驻马店、许昌、漯河等市。依托驻马店华生粮油公司、南阳唐河码头、信阳固始粮油集团公司、淮滨散粮物流码头、沈丘县直属库内河码头等粮食物流节点项目，在区域内规划建设6～8个跨省铁路散运战略装车点和内河散运码头节点，衔接黄淮海粮食物流通道，服务于东南沿海粮食主销区及西南、华南等地区。

3. 省内粮食物流节点布局

鼓励和支持各地粮食收储库、农贸市场和粮食加工企业，配备散粮接收发放设备，作为省域粮食现代物流网络的基础单位。在省内粮食现代物流通道上，选择 50～60 个有充足粮源和物流需求，条件较好的中转库、储备库和大型粮食批发市场，进行设施设备改造提升，建设省内粮食物流节点，形成与跨省粮食物流铁路战略装车点及水运节点衔接，与省内粮食收储库互联，覆盖全省、辐射周边的省内粮食物流节点网络服务体系。

表 4　我省重点散粮物流节点布局规划表

地区	2018 年			2019 年			2020 年			合计		
	跨省节点	省内节点	仓容	跨省节点	省内节点	仓容	跨省节点	省内节点	仓容	跨省节点	省内节点	仓容
	个	个	万吨	个	个	万吨	个	个	万吨	个	个	万吨
省局直属		1	3		1	3	1	2	5	1	4	11
郑州市粮食局		1	2.5	1	2	5.5				1	3	8
开封市粮食局		1	3	1	2	6.5				1	3	9.5
洛阳市粮食局	1	1	3		2	5		1	3	1	4	11
平顶山市粮食局		1	3		1	3		1	3		3	9
安阳市粮食局	1		2.5		1	2.5		2	4.5	1	3	9.5
鹤壁市粮食局					1	2.5	1	1	4.5	1	2	7
新乡市粮食局	1	1	4		2	4		1	3	1	4	11
焦作市粮食局		1	2	1	1	5		1	2	1	3	9
濮阳市粮食局		1	2				1	1	4.5	1	3	8.5
许昌市粮食局		1	3		1	2	1	1	3	1	3	8
漯河市粮食局	1		2		1	2.5		1	2	1	2	6.5
三门峡市粮食局		1	2					1	2.5		2	4.5
南阳市粮食局		1	3	1	1	4		2	4	1	4	11
商丘市粮食局		1	2	1	1	4.5	1	3	9.5	2	5	16
信阳市粮食局	1	1	4	1		3	1	2	6	3	3	13
周口市粮食局		1	2	1	2	6	1	2	7.5	2	5	15.5
驻马店市粮食局		1	2.5		1	2	1	1	4.5	1	3	9
济源市粮食局		1	2.5		1	2.5					1	3
合计	5	16	48	7	21	63.5	8	23	68.5	20	60	180

六、重点支持项目及投资测算

为实现粮食物流设施建设的目标和任务，规划期内主要建设内容包括：

（一）粮食综合物流园区及粮食物流设施项目

在郑州、开封、新乡、许昌、濮阳、周口、信阳、南阳、商丘等地建设综合性粮食现代物流园区。在我省国家粮食物流通道上布局 20 个跨省物流节点。在省内粮食现代物流通道上，提升60个省内粮食物流节点。

综合性粮食现代物流园区主要应具有贸易、加工、储存、运输和信息服务等多种功能的，吸引粮食加工、储藏、物流及食品企业向园区转移和集中。

80个物流节点粮食现代物流设施项目建设，项目包括适应散装散卸的立筒仓、浅圆仓等中转仓容及配套设施建设，物流中心年中转量应在30万吨以上。

（二）物流信息化项目

以河南省粮食交易物流市场、中原粮食集团、豫粮粮食集团等粮食企业作实验示范，研究探索物联网、射频识别技术等信息技术在粮食物流上的应用，努力提高粮食物流信息化水平和粮食行政管理现代化水平。研究开发全省物流信息平台，掌握各节点的仓容量、中转量、功能特点、设备配置、技术发展、人员构成等详细数据。

表5 “十三五”全省粮食物流设施建设项目及投资表

（单位：万吨/亿元）

项目	2018年		2020年		总投资（亿元）
	规模	投资	规模	投资	
郑州粮食物流中心枢纽	仓容32万吨，办公楼及粮食批发市场15万m^2，铁路专用线2100 m	14	粮油食品综合加工区	8	22
跨省粮食物流节点布局	中转仓容197.5万吨	23.7	中转仓容115万吨	13.8	37.5
省内粮食物流节点	中转仓容260万吨	43.2	中转仓容227.5万吨	27.3	70.5
粮食综合物流园区	规模见综合物流园区一览表	21	规模见综合物流园区一览表	12	33
合计		101.9		61.1	163

七、保障措施

（一）完善粮食物流设施建设投资机制

完善河南省粮食物流设施建设投资机制，在政府政策支持下，鼓励社会多元主体投资项目建设。

1. 政府投资

随着投资体制改革，粮食物流设施项目主要依靠企业投资建设。但粮食物流设施是保障粮食安全的载体，具有一定公共属性，需要各级政府安排必要的投资。建立政府投资机制，把政府投资粮食物流设施完成情况列入粮食省长负责制考核指标。

2. 社会投融资

除政府投资外，大量的粮食物流设施建设投资需要通过社会多渠道投资来解决。探索国有粮食企业通过土地出让、工商联合、资产重组、产权转移、银行贷款等多种方式筹集建设资金。积极争取地方政府和有关部门的支持，创造良好的投资环境，解决建设资金瓶颈。

3. 创新融资方式

引入新型融资方式，研究试点采取小微金融合作社、开展动产质押模式、组建粮食产业投资担保公司、电子商务网站与银行合作开展网络银行业务等创新融资方式，降低企业融资成本。

（二）完善粮食物流设施建设管理机制

1. 明确规划实施职责

本规划由各级粮食部门会同发改、财政部门共同组织实施。各市的项目建设必须与省总体规划相衔接。省粮食局会同省发改委，做好国家安排重点粮食物流项目申请，加强项目的建设和管理，组织好项目的竣工验收。省粮食局会同省财政厅研究制定省级补助资金项目的评审论证标准，提出年度支持重点和项目指南，统一受理项目申请，组织项目评审、论证工作，对补助资金项目实施过程进行跟踪管理，并向省政府汇报重点项目进展情况。同时，配合财政厅制定省级财政专项、引导资金管理办法，编制年度引导资金使用计划，依据项目合同及实施进度审核拨付项目经费，负责资金使用情况的监督、检查。

2. 加强项目建设管理

严格粮食物流设施建设项目管理，建设项目申报主体必须具有独立法人资格，具有一定的资金筹措能力，严格按照备案或审批确认的项目建设内容组织建设。按照项目建设程序，执行国家和省有关招标投标、工程监理等各项规定，在施工建设中，要加强质量、进度、安全及资金使用等方面的控制和管理。项目建成后，要完善竣工验收手续，实施项目后评估。

（三）完善粮食物流设施建设的相关政策

1. 用地政策

对国家和省重点支持的粮库建设项目，协调土地部门在用地安排上予以优先，实行与工业项目用地同等的供地方式。

2. 信贷政策

协调各级中国农业发展银行继续支持粮食仓储物流设施建设，按照《中国农业发展银行粮食仓储设施贷款管理暂行办法》，对符合条件的企业给予信贷支持，解决建设过程企业自有资金不足的问题。

（四）注重建设人才的引进和培训

加强与大专院校、科研院所、设计部门的合作，积极引进高技术人才；加强对粮食行政管理和企业人员的培训，宣传贯彻国家和省有关建设规范与标准，提高项目建设质量。

河南省粮食行业信息化建设“十三五”发展规划

为加快推进河南粮食行业信息化建设，根据《国家粮食行业“十三五”发展规划纲要》《国家粮食行业信息化发展“十三五”规划》《河南省国民经济和社会信息化发展“十三五”规划》《河南省粮食行业“十三五”发展规划》，特制定本规划。

第一章 发展形势

第一节 发展现状

进入新世纪以来，河南粮食行业信息化尤其电子政务、局域网和政府门户网站建设等，从无到有、由小到大，取得了一定发展。通过建立粮食资源网，实现了省粮食局机关内部以及与局直属单位和18个省直辖市、10个省直管县之间的网络办公，省粮食局制发的各类非涉密公文、政务信息等文件材料实现了即时传输，局直属单位和地方粮食行政管理部门也能够及时上报公文、信息，提高了工作效率，节省了时间和费用。同时，省粮食局还通过接入河南省政府办公平台、河南省委电子政务内网以及国家发改委纵向网，保证了与上级部门和其他省直部门之间公文信息、涉密文件的安全传输，为进一步实现互联互通、数据交换、信息共享业务互动，真正发挥信息化对全省粮食流通事业的促进作用打下了基础。

2015年5月，经财政部和国家粮食局共同组织专家评审，河南被列为“粮安工程”仓储智能化升级三个重点支持省份之一。该工程项目，计划总投资5.64亿元（其中：中央财政2.24亿元，省财政2亿元，各市县财政配套和企业自筹资金1.4亿元），实施省粮食局“粮安工程”智能化管理平台建设和371个智能化粮库项目。

省粮食局“粮安工程”智能化管理平台建设的主要内容为“4381”工

程，即：打造四个中心—省局云数据中心、GIS 服务中心、数据交换中心、调度监控中心；构建三个体系—标准规范体系、运维服务体系、信息安全体系；建设八个系统—数字政务办公系统、仓储智能化管理系统、粮食交易管理系统、粮食质量安全监管系统、粮油加工业管理系统、公共服务系统、宏观调控监测预警系统、特殊业务管理系统；搭建一个平台—基础设施平台。建设内容包括网络及硬件设施建设、机房建设二个方面。

全省智能化粮库项目分四种类型建设，一类库建设包括无纸办公、业务管理、移动监管、粮食出入库系统、多功能粮情测控、智能气调、智能通风、智能安防、三维可视化、专家决策与分析系统、远程监管接口和中控室等；二类库建设包括无纸办公、业务管理、移动监管、粮食出入库系统、多功能粮情测控、智能通风、智能安防、三维可视化、专家决策与分析系统、远程监管接口和中控室等；三类库建设包括无纸办公、业务管理、粮食出入库系统、多功能粮情测控、智能安防、远程监管接口和中控室等；四类库建设包括业务管理、粮食出入库系统、安防监控、粮情测控、远程监管接口等。智能化粮库项目和省局“粮安工程”智能化管理平台建成联通后，可实现对粮库人、财、物和粮食购、销、存的全方位在线监测和全面风险管控。将大大提升我省粮食流通监管水平，提高政府宏观调控能力和粮食安全保障水平。

虽然我省粮食行业信息化建设具备一定基础，但还存在较大的发展空间。现有办公自动化信息应用系统仅能满足最基本的办公需要，业务工作缺乏相应的系统支持，办公自动化程度较低；各粮库硬件设备严重老化，软件系统相对落后，与行政管理部门之间没有互联互通，严重制约了监督管理效率；全省尚未建立统一粮食市场信息监测平台，不能实时掌握粮食市场价格变动，及时做出反应；粮食应急网点数据库尚未建立，应急监测预警网络不完善，存在应急反应措施滞后的风险。

第二节 发展需求

“十三五”是全面破解粮食供求阶段性结构性矛盾的关键期，是全面推进粮食流通能力现代化的攻坚期，是全面释放粮食产业经济活力的转型期，是全面促进粮食市场深度融合的机遇期。新形势下，粮食行业信息化发展环境将更加优化，需求将更加迫切：

一是粮食流通能力现代化的需要。为进一步破解粮食流通各环节发展不协调，粮食流通成本高、效率低，应急保障发展滞后等问题，需要利用信息化的手段，构建涵盖粮食收购、储藏、加工、物流、消费等各个环节，纵向贯通、横向协同、资源共享的行业信息化体系，提升粮食物流自动化、智能化水平和应急保障能力。

二是粮食宏观调控精准化的需要。为进一步提升对全省粮食市场的把控牵引能力，提高各级储备粮的运行效率，服务国家和本地区粮食宏观调控，需要利用信息技术，提高统计调查、市场监测的准确性、及时性，加强对粮食信息的采集、分析和处理。破解粮食供应阶段性结构矛盾，健全目标价格形成机制，切实增强行业信息资源开发利用能力，增强决策的科学性、前瞻性和有效性。

三是粮食流通监管常态化的需要。为进一步增强粮食收储供应安全保障能力，确保粮食数量真实、质量可靠，需要汇聚整合、开发利用大数据资源，完善和优化粮食流通监督检查、质量监测、企业信用评价等覆盖粮食行业核心业务的应用系统，提升粮食流通监管服务能力，为行业全面推行“双随机”监管提供支撑。

四是粮食企业经营高效化的需要。为进一步激发粮食产业经济活力，需要推动互联网与行业的融合创新发展，构建“互联网+粮食”行业发展新引擎，催生企业生产经营新模式、新业态，形成企业转型升级倒逼机制，增强粮食企业的核心竞争力。

五是行业服务方式多元化的需要。为进一步提高行业信息服务能力，为政府、企业、公众提供综合、高效、便捷的信息服务，需要推动互联网和行业的深度融合，利用互联网思维，创新政府服务模式，形成多样化的行业服务方式、内容和手段，利用大数据技术等提升服务能力。

第三节 面临的机遇和挑战

“十三五”期间，是推动粮食行业创新、协调、绿色、开放、共享发展的战略机遇期，大力推进粮食行业信息化是粮食流通产业“转方式、调结构”的重要手段，是保障我省粮食安全的重要举措，新形势下粮食行业信息化发展面临着难得的机遇。一是党的十八大明确了坚持走中国特色新型工业化、信息化、城镇化、农业现代化道路，促进“四化同步”协调发展的战略部署，为行业信息化发展提供了强有力的政策保障；二是“互联网+”、大数据、智能制造等国家战略的实施，为行业转型升级提供了新的发展路径；三是构建符合我国国情和社会主义市场经济体制要求的现代粮食收储供应安全保障体系，为行业信息化建设提供了内在动力；四是大数据、云计算、物联网、北斗导航等新技术不断涌现，为推动行业信息化发展提供了强有力的科技支撑。

同时，粮食行业信息化发展也面临着新挑战：一是信息化管理机制有待健全。缺乏专门的信息化管理机构，顶层设计和统筹规划没有得到有效贯彻，建设方案缺乏严格的科学论证。各地信息化建设资金投入不足，信息化基本建设和运行维护费用存在较大缺口。二是思想认识尚需提升。部分地区思想认识不到位，存在抗拒心理，不能用互联网思维改变传统管理和经营模式，信息化发展动力不足，信息化建设不能有效支撑政府、企业和公众需求。三是低水平重复建设有待破解。部分地区信息化建设针对性不强，信息技术与行业的融合度不够，业务流程优化、产业链协同效应凸显不够，资源配置不科学，不能有效支撑行业转型升级。四是要素资源数字化水平有待提高。粮食流通环节信息感知的手段较少，导致部分信息采集处于手工阶段，人工干预多，信息采集时效性差。五是信息孤岛现象较为普遍。全省少数粮库前期自主进行了部分信息化建设，但由于缺乏统一的监管平台，数据尚不能完全共享，“信息孤岛”现象较为普遍，影响跨部门和跨地区之间的业务协同。六是信息资源开发利用水平有待加强。信息资源缺乏有效整合和信息采集不全面，缺乏对数据的深入挖掘和建模，导致资源利用停留在数据统计层面，市场预警预测分析能力较低，对市场变化的应对缺乏科学分析。七是信息化关键技术与装备亟待突破。物联网、云计算、大数据等先进信息技术同粮食行业的核心业务结合不够紧密。适用于粮食行业的专用传感设备、自动处理设备、检测检验设备尚未形成产业规模，具有自主知识产权的核心技术还很缺乏。粮食质量安全追溯、库存监管、物流信息平台、粮情监测预警等核心业务系统还有待完善。粮食烘干、输送、加工等设备制造业在自主创新能力、信息化程度等方面与其他行业存在一定差距。八是粮食行业信息化专门人才急需培养。行业信息化高层次人才、信息化管理人才和基层技能人才少，将会制约信息化建设的组织实施。

第二章　总体要求

第一节　指导思想

深入贯彻党中央、国务院关于推进粮食流通领域改革发展和加快信息化建设的系列决策部署和“创新、协调、绿色、开放、共享”发展理念，以全面提升粮食宏观调控水平、增强粮食流通现代化能力、释放粮食产业经济活力、确保粮食数量与质量安全为目标，坚持需求主导，搞好顶层设计，按照国家粮食局仓储智能化升级暨行业信息化建设工作部署，坚持以粮库智能化升级为基础，以标准规范为指引，以数据采集和应用为核心，以大数据、云计算、物联网、智能制造等新一代信息技术与粮食业务深度融合为手段，加强信息基础设施和网络信息安全保障能力建设，强化信息共享、业务协同和互联互通，有效提高公共服务水平，积极优化粮食信息化发展环境，促进粮食流通产业转型升级，加快建成先进实用、安全可靠、布局合理、便捷高效的河南粮食行业信息化体系，力争实现省级储备粮储存库点智能化升级全覆盖，全面提升我省粮食流通现代化水平，为确保粮食安全奠定更加坚实的基础。

第二节　基本原则

坚持统筹规划、注重实效、协同共享、保障安全的基本原则。统筹规划，即按照国家信息化战略部署，统一规划、统一标准，因地制宜，合理布局，以点带面，稳步推进，避免低水平重复建设；注重实效，是以提升粮食行业业务管理水平，降低粮食流通成本、提高粮食流通效益为重点，突出粮食行业特色，注重前瞻性、先进性、实用性和可靠性，优先采用成熟、适用的信息技术，支撑整个粮食行业信息化发展；协同共享，是充分发挥各级粮食行政管理部门、企业以及社会力量的作用，建立全省统一的网络和应用平台，合力推进粮食行业信息化建设，以信息资源共享、利用为核心，优化资源配置，实现信息资源共享和业务高效协同；保障安全，是有序推进粮食行业信息化标准体系和安全保障体系建设，加强风险评估和安全防护，强化信息安全保密管理，确保粮食行业信息化基础设施和应用系统安全可靠。

第三节　总体目标

物联网、云计算、大数据等新一代信息技术在粮食行业广泛应用，信息资源利用、业务协同能力明显增强，粮食信息服务水平更加高效。覆盖各级粮食管理部门和主要涉粮企业的信息化基础设施框架基本建成，行业管理信息化水平显著增强，信息化标准体系和安全保障体系更加健全，信息化人才培养体系、技术创新体系不断完善，行业信息化“智库”基本建成，信息化在粮食行业产业升级中的支撑作用显著提升。

——行业管理信息化水平显著提高。建成省级粮食智能化管理平台，省级储备粮储存库点实现粮库智能化全覆盖。库存粮食数量、粮食质量、企业信用、政策性粮食等全部实现网络化在线监管。前沿信息技术在行业管理中的应用深度和广度不断提升。

——核心业务系统覆盖面显著扩大。数字政务、仓储智能化、粮食交易、粮食质量安全监管、粮油加工业、公共服务、宏观调控监测预警、特殊业务等核心业务实现信息化管理，提升资源共享和业务协同能力。

——行业装备信息化水平显著改善。粮食储藏、物流、质检、加工等环节装备的信息化水平显著提升，在粮食智能干燥、粮食质量快速检测、粮情专用传感器、多参数粮情检测等领域突破一批关键技术。粮食加工业与信息化加速融合，数字化研发设计工具普及率和关键工序数控化率明显提升。

——行业信息基础设施水平明显提升。建成覆盖各级粮食行政管理部门、国有粮食收储库点、粮食交易中心、重点联系粮食批发市场、重点粮油加工企业以及粮油应急配送中心的粮食流通管理信息网络，粮食信息感知手段日趋完善，信息采集渠道不断拓宽；建成完善的粮食行业信息化标准体系和安全保障体系。

——行业信息资源利用水平明显增强。完成全省粮食大数据中心的建设，实现收购、仓储、物流、质量、加工、消费、交易等信息的汇聚和融合。形成跨部门数据资源共享共用格局，实现粮食行业数据资源合理适度向社会开放；充分利用粮食大数据资源，实现对粮食宏观调控更为准确的监测、分析、预测、预警，提高决策的针对性、科学性和时效性。

——行业服务信息化水平更加高效。建成行业信息公共服务平台，信息服务方式更加多元，服务内容更加丰富，服务机制更加健全，专业化水平进一步提升，线上线下结合更加紧密；依托粮食大数据资源，带动社会公众开展大数据增值性、公益性开发和创新应用，激发大众创业、万众创新活力。

专栏　指标体系

指标	2015 年	2018 年	2020 年	属性
一、行业管理水平				
省级粮食智能化管理平台	—	建成	建成	约束性
市级粮食智能化管理平台（个）	—	18	18	约束性
二、核心业务覆盖率				
政策性粮食业务信息化覆盖率	—	50%	100%	预期性
粮食质量安全监测数据平台采集率	—	30%	70%	预期性

续表

指标	2015 年	2018 年	2020 年	属性
三、基础设施水平				
国有粮食收储企业信息化升级改造覆盖率	<10%	50%	80%以上	预期性
国有粮食质量安全检验监测体系数字化实验室覆盖率	<5%	20%	60%	预期性
重点联系批发市场信息化改造覆盖率	<5%	25%	50%	预期性
重点加工企业信息化改造覆盖率	<15%	25%	50%	预期性
四、信息化标准体系				
粮食行业信息化标准数量（项）	0	6	10	预期性
五、粮食大数据应用				
省级粮食大数据中心	—	初步建成	建成	约束性
即时数据采集率	—	10%	40%	预期性

第四节　发展理念

坚持创新发展。创新信息服务模式，在科普宣传、文化传承、农户储粮、融资服务、质量追溯、征信等领域，提升信息服务水平。推动技术创新，在粮食收储、物流、装备市场监测、质量监测、应急供应等领域，研发支撑软件和装备。坚持应用创新，发挥互联网在要素资源汇聚、大数据在资源配置决策的优势，提升行业生产、经营和管理水平，推动粮食企业转型升级。

坚持协调发展。加强对粮食产业运行数据的分析和预测，引导粮食生产流通销售方式变革，打造“产购储加销”一体化全产业链的发展模式。发挥统一竞价交易平台在产销衔接中的作用，引导产区和销区的协调发展。加强“互联网+粮食”电商平台建设，打造“粮油网络经济”，激发粮食产业经济活力。

坚持绿色发展。积极利用互联网、物联网、大数据等新一代信息技术，加快推进粮食仓储智能化升级改造，降低粮食储藏损耗和化学药剂使用。构建全省性粮食物流信息服务平台，促进粮食散装、散卸、散储、散运“四散化”发展，提升物流效率，降低流通损耗和物流成本。在粮食装备环节突破一批核心关键技术，提升粮食加工业数字化、网络化、智能化水平，推动粮食企业节能降耗。

坚持开放发展。加强粮食市场信息监测体系建设，保障工业化、信息化、城镇化融合发展背景下粮食生产与供给的稳定。科学分析和把握国内外粮食市场供求形势，注重权威性信息发布，增强国际粮食市场的话语权，拓展粮食行业发展空间。加快推动粮食行业向社会开放，引导社会资金投入行业信息化建设，开展关键技术研究、产品研发和增值性服务。

坚持共享发展。汇聚和整合粮食行业信息资源，加快推动行业信息资源共享，消除“信息孤岛”、“数据烟囱”等问题，优化行业资源配置。深化行业信息资源开发利用，利用大数据等新一代信息技术提升管理决策和风险防范水平，增强行业现代治理能力。积极推进“信息扶贫”战略，逐步构建惠及公众、企业和管理部门的行业信息服务生态圈，创新服务供给方式，提高服务供给效率。

第三章 重点建设任务

运用云计算、大数据、“互联网 +”等先进理念和技术，构建省、市、企业三级架构，推进信息化“1 +1 +4”建设内容，着力做好省级及市级粮食智能化管理平台建设、1050 个粮库智能化升级改造、粮食交易中心和 18 个现货批发市场电子商务信息一体化平台、142 个重点粮食加工企业、30 个粮食应急配送中心信息化、调控监测体系、粮食质量安全监管信息系统等建设，为宏观调控、行政管理、公共服务和行业发展提供支撑。

第一节 实施行业大数据战略

建立粮食信息采集体系。制订统一、规范的粮食行业信息系统数据接口和协议，拓展物联网数据采集渠道，加强研发和利用传感器、智能终端等技术装备，实现收储、物流、加工、消费、贸易、政策、价格、质量、信用等信息的全面采集。开辟互联网数据采集渠道，开展互联网数据挖掘。

促进信息系统互联互通。构建行业骨干网，实现省、市、企业三级系统架构的互联互通，消除信息孤岛。建立信息资源目录体系，加快建设数据交换共享机制，推动企业数据资源向省、市级粮食管理平台汇聚，打通政府部门、企事业单位之间的数据壁垒，实现跨部门数据交换。

推动大数据发展和应用。制定粮食行业数据标准，着力建设一批信息资源数据库，逐步形成涵盖粮食行业的大数据资源体系。加强省级数据中心基础建设，加大对数据采集、存储、清洗、分析挖掘、可视化等领域的研发力度，深化系统内部数据和社会数据的关联分析。强化大数据技术在市场趋势分析、调控措施评估等方面的应用，提高宏观调控、行业监管以及公共服务的精准性和有效性。制定行业数据共享开放目录和制度，依法推进数据资源向社会开放，提高数据的使用价值。

第二节 推动粮食收储信息化发展

实施粮库智能化升级改造。紧密围绕粮库核心业务，加快建设融合业务管理、出入库作业、智能仓储、远程监管、安防监控、办公自动化、财税管理于一体的粮食仓储信息系统，着力解决粮库经营管理粗放、运行效率低下、业务协同能力不足、信息流转不畅、监管存在漏洞等问题，实现业务经营管理、仓储管理、质量管理、作业调度管理等的数字化、网络化、集成化、可视化和智能化，并为常态化在线库存检查奠定基础。

提升仓储装备智能化水平。加快推进扦样、检验、称重、烘干、通风、仓窗、熏蒸、装卸、整理等装备的自动化、信息化、智能化改造，在原有功能的基础上，增加装备的信息感知、处理、传输和控制能力。推动快速检化验、地磅称重控制一体化、测控集成终端、多功能粮情检测、低温储粮通风机组、粉尘爆炸检测、仓储机器人等专用智能化装备的研发和推广应用。加强清理中心、烘干中心智能化示范建设。

提升粮食收储信息化服务水平。支持粮食企业和第三方建立粮食仓储服务信息系统，实现多参数粮情、虫害识别、智能通风、安全生产预警、质量预警等深度分析与决策支持。依托省级粮食智能化管理平台，实现对库存粮食数量、质量、储存安全情况的动态监管，强化政策性粮食的远程监管能力。建立农户粮情公共服务信息系统，向农户提供技术、市场、政策等信息，推广低成本农户储粮技术。提升粮食产后服务信息化水平，为农户提供“代清理、代干燥、代储存、代加工、代销售”等信息服务。

第三节 提升粮食物流业信息化水平

推动建设粮食物流信息平台。实现我省主要粮食通道的粮食流量、流向和流速的动态监测，全景展示我省主要通道的物流状况，为我省粮食宏观调控、应急处理提供有力保障。加强对物流企业数据的采集，形成政府公共数据与市场数据相融合的粮食物流大数据体系，为粮食物流运行状态监测、行业监管和科学决策提供数据支持。

引导物流园区信息平台建设。发展一批模式成熟的物流园区信息平台，实现与粮食市场、仓储企业、加工企业等业务系统的数据交换和信息共享，促进公路、铁路、水路多式联运的信息互联互通。积极推进与社会综合性物流信息平台合作，融合相关物流信息资源。加强与交通、海关、贸易、检验检疫等部门物流相关信息系统对接。

推动物流信息技术的创新与发展。加快电子标识、自动识别、信息交换、智能交通、物流经营管理、移动信息服务、可视化服务和位置服务等先进适用技术在粮食行业中的融合应用，实现物流企业内部的物流调度优化和实时数量、质量的定位跟踪，提升粮食在途品质检测、监测及动向跟踪等装备的智能化水平。加强成品粮物流配送信息系统的应用与示范，提高集装箱、滑托板等集装单元化器具的智能化管理水平。

第四节　提升粮食加工业信息化水平

实施重点粮食加工企业信息化改造。鼓励重点粮食加工企业进行原粮入库和库存管理系统的建设和改造，结合粮食应急配送中心信息化建设需求进行成品粮应急管理建设。鼓励和支持重点粮食加工企业建设粮食质量安全追溯信息系统，并与省级粮食智能化管理平台互联互通。加强粮食加工业信息监测系统建设，实现重点粮食加工企业最低最高库存量、加工能力、加工数量、产品质量等信息的在线监测。

实施装备设计与制造升级行动。利用计算机辅助工程分析、虚拟仿真和数字模型等信息化手段，提高加工装备设计与制造的数字化水平。鼓励智能感知、知识挖掘、系统仿真、人工智能、工业机器人等新兴信息技术的应用，促进加工装备智能化升级。支持装备制造企业为粮食企业提供远程在线监测及服务。

推动粮食加工企业智能化升级。加快产品全生命周期管理、客户关系管理、供应链管理系统的推广应用，实现智能管控、产业链协同和供应链优化。加快物联网、快速检测等技术的应用，实现粮食加工过程的生产工艺、环境、产品质量等全生产周期的信息采集。探索推进粮食加工关键工序智能化、关键岗位机器人替代等，实现生产过程智能优化控制。

第五节　强化粮油市场动态监测能力

健全粮油市场信息监测网络。优化信息采集点布局，扩大信息监测领域和覆盖面，将信息监测覆盖的范围延展到上游的农业生产，和下游的饲料业、养殖业、粮食与油脂加工业、贸易、消费、进出口等领域，拓宽信息采集渠道，丰富信息来源。创新信息采集手段，采用自动抓取等新技术提高数据采集质量、效率。加大监测频率，实现对重点粮食品种、重点时段、重点环节和重点地区的监测。健全社会粮油供需平衡调查机制，优化调查方案、合理选取调查样本、突出调查重点、扩大调查内容。建立粮油市场监测信息发布机制，形成短期监测、长期预测等监测报告，提升信息服务能力。

提升监测预警智能化水平。以小麦、稻谷、玉米、油脂油料为重点，综合考虑常规监测、热点监测和应急监测的互补性，结合短期、中期和中长期监测需求，建立包含产量、贸易量、消费量、库存量、现货、期货价格等监测指标的市场动态监测体系，增强监测预警的灵敏性、前瞻性、准确性和权威性。利用大数据分析技术，深化数据挖掘与利用，建立市场监测预警模型，科学分析不同行业、不同品种粮食需求与消费的变化趋势，全面掌握粮食供需平衡状况，优化粮食储备体系。

第六节 促进粮食市场信息化发展

推动粮食交易中心和现货批发市场电子商务信息一体化平台建设。通过一体化平台建设，着力解决交易行为分散、信息系统重复建设、市场资源不共享、交易成本高、市场竞争力弱等问题。充分发挥一体化平台的信息优势和资源配置作用，建立涵盖粮食生产、原粮交易、物流配送、成品粮批发、应急保障的完整供需信息链和数据中心，打造统一开放、竞争有序、协同发展的电子商务一体化信息大平台。

推动“互联网 + 粮食”电商平台建设。坚持市场化主导，鼓励粮食企业应用电子商务平台，开展在线销售、采购等活动，提高生产经营和流通效率。加强与成熟电子商务平台合作，建设粮食应急供应点网上超市，强化供应手段。推动电子商务在“放心粮油”工程中的示范和推广，打造粮食电子商务品牌。加强电子商务物流配送体系建设，建立电子商务产品质量追溯机制，鼓励企业利用电子商务平台的大数据资源，提升企业精准营销能力。

第七节 提升行政监管信息化水平

推动行业信用监督管理信息化体系建设。依托省级粮食智能化管理平台，重点采集企业经营管理基础信息、政府部门监管信息及社会舆情信息等，形成粮食行业信用信息数据库，并与省信用信息共享平台实现互联共享。推动建立与发改、工商等部门信用信息交换机制，促进信用信息共享，为信用管理、履约评价、信用查询、信用认证等提供支撑。

提升监督检查信息化水平。加快监督检查工作与互联网的深度融合，积极推动监督检查方式向信息化、自动化、网络化方式转变。建立检查人员数据库，落实“双随机”机制。建设在线监督检查系统，实现对政策性粮食和政策性业务的动态监管。

提升质量安全监测预警能力。完善粮食流通各环节中粮食质量信息的数据标准，加快推进粮油质量检测设备的信息化改造，统一数据接口，建立收获、储存环节粮食综合质量、储存品质及食品安全指标监测数据库，利用二维码、身份识别等信息技术，确保质量监测信息的真实性、代表性和可溯源性。推进粮食质量监测信息系统建设，建立质量分析模型，实现粮食综合质量评价，运用大数据技术提高粮食质量安全风险监测预警能力。鼓励生产经营企业和社会主体建设产品质量追溯信息门户，面向社会公众提供全程质量追溯信息跨区域一站式查询服务。推动粮食流通质量追溯体系建设。整合行业内的信用信息资源，建设信用数据平台和信用信息服务平台，加快推进行业间信用信息互联互通，建成粮食经营者信用评价体系。推进粮食监督检查工作信息化，提升监督检查效率，推动政府治理精准化。

第八节　提升应急保供信息化水平

强化粮食应急监测分析能力。制定统一的粮食应急信息资源目录体系，加强应急信息资源管理，实现应急资源的空间分布、数量规模、资源分配和应急调度的可视化。加强粮食应急保障信息汇聚共享，有效监测自然灾害、粮食脱销断档、粮食价格大幅度上涨等粮食供给突发事件。利用大数据关联分析技术，优化粮食应急供应点和配送中心的布局，建立区域粮食应急调度模型，分析评估区域应急安全形势。加强应急基础设施信息化改造和应急配送中心信息化系统建设，确保应急配送中心各项业务“全时在线”，全面提高配送效率，缩短反应时间。

提升应急指挥信息化水平。建立粮食应急供应优化调度决策系统，形成响应预案,实现对粮食应急突发事件的迅速定位、分析判断和辅助决策。建立应急模拟演练系统,定期开展模拟演练,提高应急处置能力。建设布局合理、运转高效、保障有力的军民融合粮食应急指挥体系,满足应急保障中的粮食供给需求。完善粮食突发事件预警信息发布系统,提高预警信息快速发布能力。

第九节　实施行业信息服务开放行动

健全粮食行业信息服务体系。以服务需求为主线，升级政府门户网站，建设新媒体平台，完善信息公开、办事服务、互动交流等功能，推动在线审批，提高行政审批效率。加强粮食信息资源的开发利用，依托第三方机构，开发针对粮食种植农户、加工企业及管理部门等用户，涵盖粮食品种交易、政策、物流、价格、质量、供需形势、种植、病虫害、信用、消费、贸易、营养状况等多层次的粮食信息产品，提升行业信息服务的影响力、权威性和覆盖面。

创新信息服务方式与内容。建设面向粮食行业管理部门、粮食经营企业等的信息发布系统，建立信息发布制度，提供产业运行状况、供需平衡、粮食安全预警、应急供应、质量监测、物流服务、价格监测等全方位信息服务。建立粮食科技综合信息共享与服务信息系统，集聚产学研用管各方力量，形成科技创新、成果转化、技术推广等领域的数据共享机制。通过微信、微博、短信、手机 APP 等方式，向种粮农民宣传粮食政策，发布粮食收购、价格信息及补贴政策，引导农民科学合理安排粮食生产。建设粮食仓储、物流、加工、营养技术信息库，开展交互式服务。

第四章　保障措施

第一节　健全信息化建设管理机制

建立粮食行业信息化工作领导小组，负责统一组织、协调、指导、监督、管理行业信息化工作，推动行业信息化建设合理有序进行。建立政府、企业、高校、科研院所共同参与、跨行业的专家咨询委员会，为决策提供重要支撑。建立粮食行业信息资源采集、共享和保密制度，明确各级主管部门在信息来源、标准和交换中的责任和义务。建立健全粮食行业信息化建设评估机制，落实各级粮食行政管理部门和企业信息化建设的绩效考核，建立和完善信息化工作激励机制。

第二节　强化信息化建设科技保障

坚持创新驱动，加快实施粮食行业信息化关键技术创新工程，推进物联网、云计算、大数据等前沿技术在粮食行业中的融合应用。建立高等院校、科研院所、企业共同参与的粮食信息化技术创新联盟，着力构建产学研用一体化科技创新机制。加强对信息化建设的前瞻性研究，实施粮食信息化科技成果转化行动，探索成果转化多方共赢模式，强化示范带动效应。

第三节 壮大信息化专门人才队伍

深化粮食信息技术领域产教融合，依托高校、科研机构、企业的智力资源和研究平台，建立一批联合实训基地，鼓励行业高校从粮食企业、科研机构中聘请从事粮食信息技术研究的专家担任兼职教师，加强粮食信息技术复合型人才培养。加强与国内外信息技术教育与培训机构的联合与合作，强化对基层信息化技术人员的培训，形成一支高素质的信息化工程实施、运维和管理团队。

第四节 多渠道加大建设资金投入

充分发挥财政资金补贴引导作用，鼓励加大投资力度，充分发挥社会力量和市场多元主体的作用，拓宽建设资金来源渠道，加快构建政府投资与社会力量广泛参与的信息化建设资金保障机制，确保信息系统建设和运维经费的来源。

第五节 落实信息化建设组织实施

强化顶层设计和规划引导，突出重点，分步实施，有序推进。建立政府、企业、高校、科研院所共同参与、跨行业的粮食行业信息化专家团队，积极支持服务粮食行业信息化的技术企业发展，共同推进行业信息化建设进程。严格执行招标投标采购法，落实建设主体责任和项目法人责任制、工程监理制和项目合同制，强化项目运行情况的跟踪管理。按照国家、地方及行业有关信息化建设标准及规范，尽量统一组织本地区软件开发、硬件采购、运维管理等，节省建设资金。鼓励第三方的专业服务机构参与信息化建设和运维管理。

附录 1

国家粮食局 财政部关于印发“优质粮食工程”实施方案的通知

国粮财〔2017〕180 号

各省、自治区、直辖市粮食局、财政厅（局）：

根据《财政部 国家粮食局关于在流通领域实施“优质粮食工程”的通知》（财建〔2017〕290 号）精神，为指导地方做好“优质粮食工程”相关工作，更好发挥中央财政资金的带动作用和使用效益，进一步推动“优质粮食工程”顺利实施，确保取得实效，我们制定了“优质粮食工程”3 个子项实施方案，现印发给你们，请结合本地实际提出具体实施方案并抓好落实。有关事项通知如下：

一、明确目标

“优质粮食工程”是推进粮食行业供给侧结构性改革的重要突破口，是加快粮食产业经济发展的重要抓手。“优质粮食工程”的实施要以“为耕者谋利，为食者造福”、推进精准扶贫、保障国家粮食安全为目标。一方面，要有利于提高绿色优质粮油产品供给，将提升收获粮食的优质品率、优质优价收购量和粮油加工产品的优质品率等作为重要考核指标；另一方面，要有利于提高种粮农民利益，将带动农民增收作为重要考核指标。

二、突出重点

请各省份按照本地区实际情况和参加竞争性评审时的申报方案，在加快制定或修改完善本省份具体实施方案的同时，分年度统筹安排好“优质粮食工程”3 个子项的实施规模和实施范围，避免安排畸轻畸重。粮食主产省份要协调推进产后服务体系建设、质检体系建设、“中国好粮油”行动各个方案的实施。粮食主销省份和产销平衡省份要以质检体系建设和“中国好粮油”行动为重点，同时适当安排产后服务体系建设。各地在具体实施过程中，要讲政治、顾大局，认真落实党中央、国务院关于扶贫攻坚决策部署，在安排具体项目时，要向本省份的国家级扶贫开发工作重点县和集中连片特殊困难县倾斜。粮食产后服务体系建设要保证为种粮农民提供市场化、专业化的粮食产后服务，确保在“十三五”期末实现产粮大县全覆盖的目标。质检体系建设要坚持“机构成网络、监测全覆盖、监管无盲区”的原则，向辖区内粮食主产区域、新建粮食检验机构适当倾斜。“中国好粮油”行动要以“增品种、提品质、创品牌”为目标，充分发挥中央、省级以及地区性大型国有骨干粮食企业的引领、带动和示范作用，重点支持有基础、有实力、有品牌、有市场占有率，且能带动农民扩大优质粮食种植、增加绿色优质粮食市场供给的企业，尽快实现规模化、标准化、品牌化，加快推进产业升级，提升绿色优质粮油产品供给水平。

三、放大效应

各省份要积极支持各类市场主体共同推进“优质粮食工程”实施，在制定方案、安排项目、分配资金、出台政策时，对包括中央粮食企业在内的各类粮食经营主体要一视同仁，充分调动各类粮食经营主体的积极性。对中央粮食企业申报的项目，要统筹考虑，合理安排。要本着“少花钱、办大事”的原则，充分发挥中央财政投入的引领作用，放大中央财政资金的带动效应；地方各级财政要加大扶持，同时要引导企业加大投入，确保自筹资金及时足额到位，使有限的资金发挥出最大的效益。各省份要积极建立健全“优质粮食工程”实施的长效工作机制和投入机制，鼓励各省份财政、粮食等部门探索创新投融资机制，拓宽筹资渠道，积极推广政府和社会资本合作（PPP）模式，推动“优质粮食工程”持续实施，深入推进，取得实效。

四、加强统筹

各级粮食和财政部门要高度重视、密切配合，在省级政府的统一领导下，省级粮食、财政部门成立领导小组，主要负责同志亲自抓、主动推，高标准、严要求，建立工作机制，争取地方各相关部门的大力支持，调动各方面积极性，确保相关工作顺利推进。要将“优质粮食工程”实施与加强粮食宏观调控、推动粮食行业深化改革转型发展、促进粮食产业经济发展等中心工作紧密结合起来，统筹推进、协调联动，抓重点、出亮点，及时总结经验，树立先进典型，充分发挥好典型的带动和示范作用。

五、强化监管

各级粮食、财政部门和相关单位要强化廉政风险防控，加强对项目资金使用的监督、指导和监管，做到专款专用，切实保障资金安全。要切实承担起“优质粮食工程”实施的主体责任，实时跟踪了解和报送项目进展情况，协调解决项目出现的困难和问题，争主动、真落实，提高项目的落地速度、实施进度和建设质量，确保好事办出好效果。

为保障中央财政资金的使用效果、激发各级政府和相关管理部门积极性，财政部、国家粮食局将适时开展督导检查。对开展较好的省份，继续予以补助和支持；对开展不好的省份，将暂停、核减、收回中央财政资金；发生违规违纪行为的，按规定严肃追究相关单位和责任人员责任。

请各省份根据此通知精神和 3 个子项实施方案，尽快制定或修改完善本省份的具体实施方案。纳入今年重点支持的省份，请将相关方案于 9 月 15 日前分别报国家粮食局（仓储与科技司、标准质量中心、科学研究院、规划财务司）和财政部（经建司）备案。未纳入今年重点支持的省份，请根据本省份实际情况，积极稳妥开展“优质粮食工程”，并做好参加明年竞争性评审的准备，争取明年纳入重点支持省份。对今年暂未列入重点支持省份但省级财政已安排资金，且与粮食部门共同推进相关工作的，将在以后年度优先予以支持。

附件：1. 粮食产后服务体系建设实施方案
2. 国家粮食质量安全检验监测体系建设实施方案
3. “中国好粮油”行动计划实施方案

国家粮食局　财政部

2017 年 8 月 28 日

附件1

粮食产后服务体系建设实施方案

粮食收储制度改革后，政府主导的政策性收储将逐步淡出，收购主要靠各类市场主体，价格由市场决定，农民直接面对市场，对产后服务提出了新的更多的需求。为认真落实国务院办公厅印发的《关于完善支持政策促进农民持续增收的若干意见》（国办发〔2016〕87号）中“建设一批集收储、烘干、加工、配送、销售等于一体的粮食服务中心”有关要求，财政部和国家粮食局决定从2017年开始实施“优质粮食工程”，开展粮食产后服务体系建设，为种粮农民市场化收储创造条件。

一、主要目标

针对市场化收购条件下农民收粮、储粮、卖粮、清理烘干等诸多难题，通过整合粮食流通领域的现有资源，建立专业化的经营性粮食产后服务中心，有偿为种粮农民提供“代清理、代干燥、代储存、代加工、代销售”等“五代”服务。从2017年起开始建设，力争在“十三五”末实现全国产粮大县全覆盖。建成布局合理、能力充分、设施先进、功能完善、满足粮食产后处理需要的新型社会化粮食产后服务体系，应形成专业化服务能力，并达到以下目标：

增强农民市场议价能力。建成产后服务中心通过向农民提供保管等服务，为农民适时适市适价卖粮创造条件，增强议价能力。产后服务中心还应能及时向农民传递市场信息，疏通交易渠道，帮助农民卖好价。

促进粮食提质进档。产后服务中心要通过提供专业化的清理、干燥、分类等服务，大幅度提高粮食保质能力。按市场需求分等定级、分仓储存、分类加工，有效保障粮食质量，为实现优质优价、增加绿色优质粮食产品供给创造条件，通过市场带动农民增收。

推动节粮减损。通过粮食产后服务中心和农户科学储粮设施建设，使农民手中收获的粮食得到及时处理、妥善保管，大幅减少农户储粮损失率。

提高专业化服务水平。通过整合产后服务资源，形成完整的服务链，提升农业的专业化水平，促进农村第三产业发展，提高服务效率和劳动生产率，增加农民收入。

二、主要内容

建设产后服务中心主要以整合盘活现有仓储设施等资源为重点，在保证必要的服务功能前提下，结合实际需要，选择确定建设内容，改造、提升功能，发挥技术、人才等优势。一般不得新建仓容，基建部分以维修改造为主。鼓励推广使用先进的粮食处理新技术、新设备。

建设范围包括：一是产后干燥清理设备。改造提升老式粮食烘干机及水分、温度在线检测、自动控制等功能；建设符合环保要求的粮食烘干设备、移动式烘干机、就仓干燥系统、热泵通风干燥器，配置旋转式干燥机，配置粮食（湿粮）清理、色选、玉米脱粒机等。二是必要的物流仓储设施。配置接收、发放、输送、装卸、通风设备及必要的运输车辆等，建设与烘干机配套必要的罩棚、晒场、地坪等配套设施，维修改造必要的仓储设施。三是粮食质量常规检测仪器设备，以及与国家粮食电子交易平台连接的网上交易终端等设备。同时，要继续实施农户科学储粮，为农户配置实用、经济、安全、可靠的科学储粮新粮仓、新装具。项目具体建设应参考《粮食产后服务中心建设技术指南（试行）》的要求。

相关省（区、市）根据不同地区、不同品种、不同主体的实际情况，产后服务中心的布局可根据粮食生产的集中度、粮食产量和服务功能的辐射半径，合理确定其建设规模、数量，并因需配置设施设备。原则上，东北地区每个粮食产后服务中心年服务能力应在5万吨以上，黄淮海、华北主产区的应不低于3万吨，南方稻谷主产区及其他地区的应不低于1万吨，各地可根据具体实际参照调整。

粮食产后服务中心建设应依法依规用地。兴建各类设施原则上不使用新增建设用地，尽可能使用存量建设用地，鼓励充分利用现有粮库空余用地；确需新增建设用地的，应依法依规办理建设用地审批手续。对于农民合作社等从事规模化粮食生产过程中所必需的晾晒场、粮食烘干设施、粮食临时存放场所等用地，按《国土资源部农业部关于进一步支持设施农业健康发展的通知》（国土资发〔2014〕127号）规定，可按设施农用地管理。

坚持为种粮农民提供服务，建立健全“产权清晰、权责明确、管理科学、诚信高效”的运行机制，构建统一规范、统一标识、统一服务内容的区域性粮食产后服务网络，为农户提供全方位、全链条的服务，打造区域公共服务品牌。

三、建设主体

原则上一个县应有 2 家以上的建设主体，有利于市场竞争、防止垄断。各地要优先支持符合条件的农民合作社独立建设粮食产后服务中心，农民合作社作为建设主体的应符合以下标准：成员在 100 户以上。东北地区土地流转面积 5000 亩以上，粮食产量 2500 吨以上，其他地区土地流转规模 1000 亩以上，粮食产量 500 吨以上。具备符合当地产后服务中心年服务能力的仓容要求（可采取租赁、合作等方式获得）。制度健全、管理规范、带动能力强，聘请专业的管理人员，具有一定的管理能力。独立建设粮食产后服务中心的农民合作社应具有建设用地，并具备筹资能力。

同时兼顾粮油加工企业等其他主体。粮油加工企业一般年加工能力达到 5 万吨及以上，具备符合当地产后服务中心年服务能力的仓容要求，在当地具有一定数量的粮油订单面积，并且订单履约率达到 30%，有实力的粮油加工龙头企业。

鼓励和支持产后服务中心与农民合作社、村级集体组织等采取合作、托管、订单、相互参股或签订协议等多种方式，建立长期稳定的合作关系。

四、服务功能

粮食产后服务中心一般应具有独立法人资格，具备相应的产后服务功能和经营管理能力，打造农民需要的粮食产后服务功能，为农户开展“五代”服务。有条件的，还可以将服务范围扩展到提供市场信息、种子、化肥等和融资、担保服务，发展“粮食银行”，推广订单农业等业务。

（一）清理干燥。依托粮库配套清理干燥设备，建多粮种多用途的烘干设备、“就仓干燥”设施、旋转式自然干燥机，也可以配备移动专用干燥设备，为农民提供粮食清理干燥服务，提高粮食质量，促进农民增收，减少产后损失。

（二）科学储粮。对基层粮库特别是收纳库进行改造，为农户提供储粮服务，具备条件的可按农户需求开展分等定级、分仓储存服务。为完善产后服务体系，结合实际需求继续实施农户科学储粮，加快解决东北地区“地趴粮”等问题，进一步提高农户科学储粮能力。

（三）运输销售。配备必要的运输工具，为种粮农民提供运粮服务。利用连接市场的优势，为农民提供市场信息，开辟市场渠道，开展售粮服务，帮助农民卖个好价钱。支持产后服务中心成为国家粮食电子交易平台的会员单位，为农户直接开展网络售粮，减少流通环节，降低交易成本。

（四）加工兑换。以加工企业为主体设立的产后服务中心，可直接为农民开展代加工和兑换服务，延长产业链，提高附加值，促进增收。其他类型的主体，可依托仓储、烘干等设施扩展加工生产能力，为农民提供代加工服务。

此外，向农民宣传国家粮食收储和优质优价等政策，推广适用技术，指导农民科学储粮以及对粮食分档升值，引导农民调整生产结构，实现规模化、集约化生产等。

五、保障措施

（一）科学规划项目建设。按照2020年实现产后服务全覆盖的目标要求，坚持需求导向、为农服务，面向基层、近民利民，整体规划、分步实施的原则，结合实际需要科学规划。项目建设要突出重点，向粮食产量多和商品率高、产后服务能力缺口大、粮食收储市场化程度高等的产粮大县倾斜。要对总体建设规模、年度分解任务、功能设计、点位分布等进行合理规划，根据粮食生产的集中度、粮食产量和服务辐射半径合理确定项目点和数量。粮食产后服务中心实行滚动方式分批建设，根据确定的建设规模，服务中心建设数量1000个以上的省（区、市）在3～4年内完成，建设数量300～1000个的省（区、市）在2～3年内完成，其他省（区、市）在1～2年内完成。各省（区、市）内按照整县推进的原则，集中连片组织实施，发挥示范引领作用。列入年度建设计划的县和项目应确保12个月内完成建设任务。

（二）投资来源与财政支持。产后服务中心建设投资以企业投资为主。地方财政根据本地实际，按照实施方案整合相关资源，统筹安排部分资金支持项目建设，以确保粮食产后服务中心建好、管好、用好。

（三）发挥中央大型粮食企业的作用。最大限度利用全社会资源，避免重复建设和资源浪费。中央大型粮食集团的下属企业按在地原则，直接向省级粮食行政管理部门申报，符合条件的应纳入省级实施方案，建设内容、建设投资及中央财政补助由省级财政、粮食行政管理部门根据本地实际情况合理确定，中央财政补助计入本省（区、市）补助总额。

（四）结合精准扶贫开展粮食产后服务体系建设。项目建设要结合国家扶贫开发工作，向产粮大县中的贫困县倾斜，要精准实施农户科学储粮，促进贫困农户减损增收脱贫。

（五）加强粮食产后技术服务。为落实《国务院办公厅关于深入推行科技特派员制度的若干意见》（国办发〔2016〕32号）中“建立农村粮食产后科技服务新模式”要求，面向粮食产后服务中心等选派一批粮食行业科技特派员，专项开展粮食产后干燥、储藏、加工减损、农户储粮等技术服务和推广，提高新型农业经营主体和农户粮食收储技术水平。省级粮食行政管理部门要依托科研机构、院校、质检机构、设备制造企业等，选派符合要求的技术人员。每个项目建设县选派1～2名，为产后服务中心与农户提供技术服务。

（六）评估、评价实施效果。项目建设方案要对项目实施效果进行预评估，项目全部建成后要对项目实施成效及时开展总结和后评价。评估、评价内容包括：本地区粮食产后清理、干燥、收储、销售等能力和专业化服务水平；粮食产后节粮减损、农民增收等方面取得的成效；促进粮食提质进档、实行优质优价等情况。

（七）任务分工。省级粮食、财政部门根据中央财政下达的“优质粮食工程”补助资金情况，结合本省实际，按照产后服务中心逐步全覆盖的总体目标、建设范围和条件等要求，统筹本地区各产粮大县的建设任务、项目和内容，突出重点，合理确定年度建设项目规模数量，进一步修改完善本省实施方案后报国家粮食局、财政部备案，作为验收考评依据。省级粮食部门负责对项目建设、验收和使用等进行指导和监督，制定《粮食产后服务体系建设项目管理办法》或《实施细则》，建立省级技术咨询专家团队，加强对项目建设的技术指导，要深入研究项目运行管理机制，制定《粮食产后服务体系运营管理办法》。省级财政部门负责统筹安排资金，并及时拨付资金、加强资金监督使用。各地要规范项目建设程序，完善责任落实机制，细化落实责任，实行专项督导，严格监管项目质量、进度和建设内容，要将粮食产后服务体系建设成效纳入粮食安全省长责任制考核内容，建立绩效追踪问责、全程监管制度，做到干成事、不出事，发现问题，及时纠正。

项目建设原则上以县为单位组织实施。县级人民政府作为组织实施的责任主体，组织财政、粮食行政管理部门开展需求摸底调查、编制项目建设方案，具体承担建设管理、项目验收、设施信息档案管理、总结上报等工作。

（八）实行阳光操作。项目建设工作全程公开，简化程序，加强服务。支持政策、主体选择、资金补助、项目验收等向社会公开透明，相关情况及时向社会公布，接受群众监督，确保补助政策规范高效、廉洁实施。项目主体须按照项目申报方案和建设实施方案执行，及时组织项目实施，不得随意调整建设内容和资金安排，不允许改变项目用途。项目建成后及时验收，县政府成立由粮食、财政等部门组成的验收工作组，按照省级粮食行政管理部门制定的《粮食产后服务体系建设项目管理办法》对项目验收的具体要求，开展验收工作。在项目建设前、建设中和建成后应拍照存档。

六、进度安排

实施方案由省级粮食、财政部门共同上报国家粮食局、财政部，在各省份报送建设实施方案申报材料、财政部和国家粮食局组织专家进行评审、确定重点支持省份名单后，今年获得中央财政支持的省份按下达的中央财政补助计划，重新修改、完善优化《实施方案》，在规定时间内报国家粮食局、财政部备案。

各级粮食、财政部门要把建设粮食产后服务体系，作为加快推进粮食供给侧结构性改革的重要内容，精心谋划、抓好落实，采取切实有效措施解决建设中的问题，认真探索、积累经验、有序推进，为提升国家粮食安全的保障水平和能力、促进农民增收发挥积极作用。

附件2

国家粮食质量安全检验监测体系建设实施方案

为适应粮食收储制度改革，规范粮食流通秩序，优化粮食供给结构，发展绿色优质粮食产品，减少粮食产后损失，增加农民收入，着力解决粮食质量安全预警监测与检验把关能力不足、基层粮食质检机构严重缺失的问题，提升粮食质量安全监管水平，保障国家粮食质量安全，制定本方案。

一、建立完善的粮食检验监测体系

在“十三五”期间，建立与完善由6个国家级、32个省级、305个市级和960个县级粮食质检机构构成的粮食质量安全检验监测体系（以下简称粮食质检体系），实现“机构成网络、监测全覆盖、监管无盲区”和国家、省、市、县四级工作联动。监测覆盖面提升60%以上。建立粮食质量安全统计制度，建成全国粮食质量安全管理电子信息平台，实现信息共享、工作效率显著提升。全面核准核定粮食质检工作任务，理顺粮食质检经费来源渠道，确保粮食质检体系健康良性运行、履行职责、发挥作用。以点带面，基本实现第三方检验。粮食产品综合合格率提升5%以上。

2017年，重点在粮食年产量10万吨以上或人口在80万以上的县（市区）建设粮食质检机构160个左右，同时建设40个市级粮食质检机构。2018年，重点在粮食年产量5万~10万吨或人口50万~80万的县（市区）建设粮食质检机构500个，建立粮食质量安全统计制度和1个全国粮食质量安全管理电子信息平台。2019年，建设6个国家级、32个省级、265个市级和300个县级粮食质检机构。其余县（市区）由市级粮食质检机构（或相邻县级机构）覆盖。地方可根据当地实际情况研究调整，形成以“省级粮食质量监测中心为核心、区域重点粮食质量监测中心为支撑”的粮食质量监测体系。

二、健全强化粮食质检体系运行机制

粮食质检体系要形成上下联动、横向互通的功能配置和运行机制。

（一）确立功能定位

国家级粮食质量监测中心。除具备省级粮食质量监测中心的功能外，还要承担粮食质量安全政策、法规、规划、标准及技术规范的研究与制修订，承担相关技术指导、技术培训、技术咨询和技术服务等工作。

省级粮食质量监测中心。主要承担粮食质量安全监测预警体系建设和快速反应机制研究，开展粮食质量安全调查、品质测报和监测，提供相关的检验把关服务，为发展“三农”和农户科学储粮提供技术服务，协调、指导域内市、县级粮食质检机构的业务工作，收集粮食质量安全及生产灾害等动态信息，提出有关工作建议和意见。依据国家和行业粮油标准以及国家有关规定，具备检验各种粮食质量指标、品质指标和安全指标的能力。

市级粮食质量监测站。主要承担粮食质量安全调查、品质测报和监测，开展相关的检验把关服务，协助与支持省级粮食质量监测中心开展相关业务工作，以省级粮食质量监测中心为示范，不断拓展工作业务范围。依据国家和行业粮油标准以及国家有关规定，具备检验主要粮食质量指标、品质指标、主要安全指标和域内必检指标的能力。

县级粮食质量监测站。主要承担粮食质量安全调查、品质测报和监测，开展相关的检验把关服务，协助与支持省级粮食质量监测中心开展相关业务工作，承担下乡、进企业扦样和原始样品转送。具备检验主要粮食质量指标、主要品质指标和主要安全指标快检筛查的能力，同时具备原始样品转送能力。

（二）明确检验任务

检验任务主要包括：收获环节的粮食质量安全调查和品质测报，被检样品直接向农户购买；收购入库环节的质量把关检验，对粮食企业自检结果实行抽查核对检验，对安全指标实行批量检验，对储备粮以及其他政策性粮食实行平仓检验；储存环节的例行抽查检验；销售出库环节，对粮食企业自检的结果实行抽查核对检验，对超期储存粮实行鉴定检验，对安全指标实行把关检验；进入粮食交易平台的，须经准入检验；成品粮销售环节，对军供粮、救灾粮、“放心粮油”等实行抽查检验；对全链条的“中国好粮油”和其他流通渠道销售的成品粮油，实行跟踪抽检或随机抽检。

（三）开展第三方检验

依托粮食行业专业优势，按照积极服务于社会和公正检验原则，开展第三方检验监测服务。第三方粮食质检机构的资质由省级粮食行政管理部门认定，并报国家粮食局备案。第三方检验的内容主要包括：平仓检验、鉴定检验、准入检验和仲裁检验等，以及法律、政策和粮食、财政等相关行政部门认定的第三方检验内容。逐步开展第三方品质鉴定。

（四）做好质量安全风险监测

按照保障粮食质量安全、促进绿色、优质粮食发展的要求，各级粮食质检机构要承担并做好收获和储存环节的粮食质量安全风险监测工作。监测内容主要包括：质量等级、内在品质、水分含量、生芽、生霉等情况，粮食生产和储存过程中施用的药剂残留、真菌毒素、重金属及其他有害物质污染等情况。各级粮食质检机构每月向本级粮食行政管理部门报送1次监测结果，发现问题及时报告，粮食行政管理部门要制订预案，对发现的问题要及时排查，采取相应的防控措施，及时消除安全隐患。

同时，各级粮食质检机构每月将监测结果汇总逐级报至省级粮食质量监测中心，省级粮食质量监测中心在省级粮食行政管理部门的领导下，每季度对本省（区、市）粮食质量安全形势做一次全面分析评估，并解决存在的问题。各级粮食质检机构向上级报送监测结果的同时，报告同级财政部门，检查出的问题、风险隐患等及时向同级人民政府食品安全办报告。

（五）提高粮食质检工作水平

在各级粮食行政管理部门的领导和统筹协调下，强化粮食质检机构的系统性，确保粮食质量安全检验监测工作任务饱满，粮食质检机构良性健康运转。粮食检验实行粮食检验机构与检验人责任制，检验人应依法依规对粮食进行检验，保证出具的检验数据和结论客观公正，对检验数据和结论负责，检验机构对出具的检验报告负责。检验机构应当按有关规定要求，及时向社会、本级政府相关部门、上级政府相关部门发布、转送、上报粮食质量安全信息，确保信息可靠、管用。在粮食流通行业全面推行“索证索票制度”。

三、保障措施

（一）高度重视。开展粮食质检体系建设是民生工程、民心工程，关乎粮食绿色优质发展、增加农民收入，关乎人民群众身体健康和生命安全，关乎保障粮食供给、规范流通秩序、提升中国粮食竞争力，关乎全面小康社会建设。各级财政、粮食部门要统一认识、高度重视，切实把开展粮食提质增效建设作为十分重要、十分迫切的任务抓实、抓好。

（二）用好各项资金。财政补助资金统筹用于配置检验仪器设备、配套基础设施建设等。有关高校、中央企业的粮食质检机构由所在省统筹安排。

（三）强化组织领导。各省级粮食、财政部门统一负责、协调域内粮食质检体系建设工作。各级粮食行政管理部门要成立粮食质检体系建设工作组，明确负责人，对粮食质量安全检验监测工作承担具体监管责任。要加强对项目建设的履职监督，将粮食质检体系建设工作纳入粮食安全省长责任制考核范围，层层压实责任，确保工作落实、取得实效。

（四）加强粮食质检队伍建设。选拔素质好、作风硬、专业对口的人员进入粮食质检队伍，大力加强专业技能培训，在国家规定的工资制度基础上，实行体现粮食质检工作专业性、技术性特点的工资福利政策，创造条件把专业技术人员留在基层粮食质检第一线。

（五）严肃工作纪律。各地要认真贯彻落实中央关于改进工作作风、密切联系群众的规定要求，厉行勤俭节约。坚持公平公正、客观真实的工作原则，对弄虚作假、谎报瞒报等行为按照有关规定予以惩处。

附件 3

“中国好粮油”行动计划实施方案

实施“中国好粮油”行动计划，是深入推进粮食行业供给侧结构性改革一项重要举措。主要目的是发挥流通对生产和消费的引导作用，按照全面建成小康社会的要求，大力增加绿色优质粮油产品供给，促进城乡居民由“吃得饱”向“吃得好”转变，让中国人“吃出健康”；在确保粮食数量安全的前提下，促进广大种粮农民和粮食企业生产优质粮油，在优质优价中增加收入，力争到2020年全国产粮大县的粮油优质品率提高30%以上，农民种植优质粮油的收益显著提升，粮食产业经济实现提质增效。

一、加强科技支撑

各级粮食部门要进一步突出科技创新驱动作用，会同相关部门、科研机构共同开展以提升粮油品质为重点的科技攻关，研究制定优于现行国家及行业标准的“中国好粮油”系列标准，加强粮食产后保质科技服务，全面推进“中国好粮油”产品的研究开发，为增加绿色优质粮油产品的供给和消费提供科技保障。

（一）大力开发优质粮油产品。国家粮食局、财政部会同农业部、卫生计生委等部门组织粮食、农业、营养等方面的科技力量，系统研究我国主要粮食及油料油脂加工品质、营养特性及不同人群消化吸收与代谢特性、健康机理及与营养相关慢性疾病关系研究，建立粮油生产流通全流程的技术评价体系，制定《绿色优质粮油产品生产指南》，明确全面提升粮油产品质量和档次的基本方向和重点领域，为全国提供科学指导。地方粮食部门以国家指南为基础，结合地域优势和传统名牌、老字号等名优粮油产品的发展实际，研究制定本地区指南。

各级粮食部门要积极引导企业加大绿色优质粮油产品的研发力度，支持高等院校、科研机构与企业开展科技合作，大力推进产学研联合。国家粮食局科学研究院等研究机构集中力量突破公共性的关键技术难题，认真落实国家促进科技成果转化的各项政策措施，加快产品中试步伐，让科研成果尽快变为市场认可的优质粮油产品，不断丰富“好粮油”的花色品种。

（二）开展粮食产后科技服务。国家粮食局组织科研力量对不同区域条件和主要粮油品种，开展收购、储存、加工、物流、销售的全流程产后品质控制研究，制定并发布符合优质粮油流通的工作参数体系，对收购、储存、加工、物流等作出技术规定。各地粮食部门按照工作参数的要求，深入分析本地区粮油品质的影响因素，有针对性地加强产后技术服务，逐步建立适应区域优质粮油流通需要的产后科技服务模式。

（三）建立“好粮油”质量标准和技术评价体系。国家粮食局科学研究院牵头采集全国粮油原料及制品，进行品质、营养及功能分析检测和综合评价，研究建立全国主要粮油品质和营养成分数据库，在此基础上分品种制定优质粮油产品质量标准和技术评价体系，研究制订优质粮油品质与安全测报测评技术规程。各级粮食部门严格执行质量标准和技术评价体系，对本地区粮油产品进行全面测评，指导产品研发和产业升级。积极采取第三方服务的方式，帮助企业分等定级。

二、建设销售渠道

建立经济高效的销售渠道，是“中国好粮油”行动计划的关键一环。各级粮食部门要根据优质粮油产品的生产和消费特点，合理设计线上线下的营销模式和销售体系，努力为优质粮油生产方提供具有公信力的产品信息推介服务，为优质粮油需求方提供具有质量保障的产品。

（一）建设国家级“好粮油”网上销售平台。建立国家级“中国好粮油网”线上平台，充分利用“互联网 +”扩大优质粮油销售规模。国家粮食局制定“好粮油”产品进入国家级平台标准，各省级粮食部门按照标准和要求，组织开展遴选、审核和上报本地区“好粮油”产品和品牌，并对上报的“好粮油”产品的质量和信用负责。“好粮油”产品的销售实行末尾淘汰制，对于抽检达不到标准要求、消费者认可度低的产品应及时调整退出。国家级平台将与国内知名电商平台、地方骨干粮油企业电商平台、大型企业自建电商平台开展紧密合作，在这些平台上开设“好粮油”专栏链接，既扩大社会影响力也提高产品销量。同时，将结合粮食产后服务中心建设，对部分现有粮食仓储设施进行改造升级，打造一批符合优质粮油产品储存、运输和交割要求的粮库，为有意愿参加优质粮食仓单交易的生产经营主体提供专业化仓储服务。

（二）建立“好粮油”线下销售渠道。国家粮食局统一制定“好粮油”标准、标识及使用管理规定，经省级粮食行政管理部门认定符合标准的，允许使用国家统一标识。各级粮食部门支持优质粮油产品的生产经营企业建立销售渠道，具体包括：在大型综合超市、便利店、专卖店设立“好粮油”专柜，在居民社区设立优质粮食门店，在住宅小区和商务楼宇设置自助销售设备等。

各省级粮食部门要结合本地成品粮油应急保供体系建设需要，采用改造、租赁等方式，在大中城市建立一批具有公益属性、满足优质粮油产品保鲜储存要求、便于优质粮油产品配送的低温成品粮“公共库”，为产品销售提供有偿的公共服务。“公共库”的规模布局、改造标准、运行管理应充分考虑优质粮油存储的实际需要，做到规范合理。

三、做好专题宣传

各级粮食部门要围绕“中国好粮油”行动计划的惠众性，大力开展专题宣传，形成全方位、立体化、持续性宣传格局。国家粮食局和地方粮食部门加强统筹协调，形成工作合力，共同营造良好氛围。

（一）制定工作方案。国家粮食局统一制定“好粮油”行动计划的总体宣传工作方案。各省级粮食部门结合实际，制定本地区工作方案。国家总体工作方案既要与地方工作方案搞好衔接，还要与中国科协、营养学会等相关单位的科普宣传工作相互配合、相互借力，形成上下联动、左右互动的良好局面，达到事半功倍的效果。

（二）制作宣传材料。在深入研究的基础上，编写通俗易懂的“好粮油”科普宣传资料。国家粮食局科学研究院要组织力量系统研究我国主要粮食及油料油脂营养成分与人民群众健康的关系。要针对不同人群的粮油健康膳食状况分类构建消费指导模型，编纂《粮油健康消费指南》，为进一步提升全社会健康粮油消费认知水平提供理论资料。

宣传材料有教材、读物、大型公益广告、系列专题电视宣传片、动漫视频等多种形式，主要内容可以是：粮油营养常识。介绍谷物膳食平衡搭配原则，以及不良饮食习惯的危害和合理膳食的知识，宣扬“以谷类为主，食物多样”的科学消费理念。地方特色粮油产品。围绕适宜的自然条件、悠久的饮食文化、有机的作业方式、独特的品质特征等，非排他性地宣传地域特色粮油产品。“好粮油”产品标准。积极宣传优质粮油产品的主要评价指标和分类分级方法，提高消费者鉴别优质粮油产品的能力。大型龙头企业。

选择有代表性的“好粮油”生产经营企业开展重点宣传，介绍企业开发的新产品、采用的新技术以及营销服务新模式，不断增强国产优质粮油的消费信心。爱粮节粮知识。针对当前社会上存在的不良消费习惯，大力倡导爱粮节粮的优良传统，积极宣传科学合理适量消费的新理念和新模式。

（三）采取多种宣传渠道。各级粮食部门应邀请知名院士和行业专家学者举办专题科普讲座。同时，开展电视、广播、网络、杂志、报纸等全方位媒体宣传。面向种粮农民、粮食经营者组织开展优质粮油生产销售专题培训，通过优质粮油产品进学校、进机关、进社区、进市场等方式，广泛开展体验式宣传。还要积极运用微信微博等新兴自媒体，开设“好粮油”公众号和实名认证用户，发布真实、高质量的科普信息，大力宣传优质粮油产品。

四、实施示范工程

为加强对“中国好粮油”行动计划的示范引导，财政部、国家粮食局共同组织实施“中国好粮油”示范工程，着力支持一批具有优质粮油生产潜力的产粮、产油大县和具有示范带动效应的粮油加工企业，开展示范县和示范企业建设。注重发挥有关中央粮食企业以及本地区大型国有粮食企业的示范带动作用，充分调动各类企业的积极性。同时，加大科技应用示范力度，创新体制机制，及时总结推广典型经验。

（一）择优选择示范主体。主产省一般可支持10个以内示范县，其他省份可支持5个左右示范县，示范县应具备以下条件：一是处于优质粮油优势生产区，具备良好产地环境和发展潜力，并列入财政部产粮（油）大县名录。二是具备较好的规模化种植发展基础和粮食产后服务能力。三是具有较好的优质粮油加工、销售和区域公共品牌建设基础。四是地方政府高度重视，实施方案目标明确，措施可行，具有创新引领作用。要鼓励引导中央粮食企业和省级国有粮食企业积极参与，并按程序审核实施方案和拨付资金。

（二）示范主体建设。示范县人民政府制定的建设方案，报省级粮食、财政部门备案后组织实施，原则上要结合本地实际通过竞争性遴选的方式确定1~2家示范企业。有关中央粮食企业和省级国有粮食企业制定本单位具体实施方案，报省级粮食、财政部门批准后组织实施。

示范企业应具备以下条件：一是企业有注册商标和品牌，优质粮油的市场开拓能力强，有销售渠道。二是企业资产负债率一般应低于60%，有银行贷款的企业，近2年内不得有不良信用记录。三是企业的总资产报酬率应高于现行一年期银行贷款基准利率，无相关违法违规行为。四是产品质量、科技含量、新产品开发能力在同行业中处于领先水平，或是具有特色生产和营销方式的。五是产品符合国家产业政策、环保政策，并获得相关质量管理标准体系认证，近 2 年内没有发生产品质量安全事件及安全生产事故。六是企业实施方案总体目标和考核指标清晰，措施具体可行，带动作用明显，能够落实企业自筹资金。示范县政府与示范企业签订建设合同，由示范企业按照优质优价原则对优质粮油品种进行市场化收购和销售，确保实现本地区农民优质粮油种植收益提高 20% 以上、粮油优质品率提升 30% 以上等建设目标。对于达成建设目标的企业，示范县政府通过财政资金奖励、先建后补、贴息及政府购买服务等方式予以支持。要打破示范县与示范企业“结对子”的地域限制，既鼓励跨区域引进大型示范企业参与本地区的示范县建设，也支持有实力的大型示范企业参与多个示范县建设。

主销区可针对本地粮源较少的实际情况，由省级财政和粮食行政管理部门直接选择具备一定规模、有较大发展潜力的骨干粮油企业，给予重点扶持。鼓励企业到优质粮油产区建立生产加工基地和物流营销网络。要根据示范企业生产销售的优质粮油产值及其增长、农民增收情况等，给予相应的财政资金补助。

示范县政府应统筹使用相关资金开展以下公共服务工作：一是优质粮油调查统计、品质测评。二是优质粮油宣传、销售渠道及公共品牌创建。三是优质粮油检验、质量控制体系建设、产后科技服务公共平台。省级粮食部门应当做好公共服务统筹工作。

（三）搞好统计调查。国家粮食局建立健全优质粮油品质测评和产业发展的统计调查工作机制，统一对外发布相关统计信息。各级粮食部门应根据调查内容和对象的不同特点，采取逐级调查、汇总上报、企业网络直报，以及全面调查、重点调查和抽样调查相结合的方法，组织好优质粮油相关调查统计工作。省级粮食部门负责对各类调查主体上报数据的审核把关，确保统计调查数据真实、准确、完整。

五、保障措施

（一）统筹规划，协调推进。省级粮食、财政部门根据省级人民政府关于推进农业供给侧结构性改革的总体部署，结合本地实际，加强优质粮油发展总体设计，科学编制实施方案，明确本省（区、市）推进“中国好粮油”行动计划总体目标和分年度目标、重点任务、时间进度安排及主要措施。要成立工作领导小组，安排专人抓工作落实。注重整合资源，将“中国好粮油”行动计划与产后服务中心建设、质检体系建设、应急保供和放心粮油体系建设等项目协调推进。

（二）突出实效，强化考核。省级粮食、财政部门要将提升粮油优质品率、提高农民种植优质粮油收益、促进粮油产品提级进档的实效，作为实施“中国好粮油”行动计划的重要考核指标，制定本省（区、市）绩效评价工作方案并及时开展评价。按照“优质粮食工程”项目实施的总体要求，切实做好财政资金使用风险防控。

（三）政策扶持，加大投入。省级粮食、财政部门要积极协调有关部门，研究出台促进本省（区、市）优质粮油收购、储备、加工、销售、品牌建设等粮食产业发展配套政策，形成长效扶持机制。积极争取地方人民政府有关部门支持，充分调动企业积极性，拓宽资金来源渠道，建立健全“中国好粮油”行动计划的资金保障机制。

附录 2

河南省人民政府办公厅
关于大力发展粮食产业经济
加快建设粮食经济强省的实施意见

豫政办〔2018〕45 号

各省辖市、省直管县（市）人民政府，省人民政府各部门：

为贯彻落实《国务院办公厅关于加快推进农业供给侧结构性改革大力发展粮食产业经济的意见》（国办发〔2017〕78 号），推动我省粮食产业经济加快发展，经省政府同意，现提出以下实施意见，请认真贯彻落实。

一、总体要求

（一）指导思想。以习近平新时代中国特色社会主义思想为指导，认真贯彻党的十九大和习近平总书记调研指导河南工作时的重要讲话精神，全面落实国家粮食安全战略，以推进粮食产业经济发展为主线，以增加绿色优质粮食产品供给、有效解决市场化条件下农民售粮问题、促进农民持续增收和保障粮食质量安全为重点，大力实施优质粮食工程，推动粮食产业创新发展、转型升级和提质增效，为构建更高层次、更高质量、更有效率、更可持续的粮食安全保障体系夯实产业基础，实现由粮食生产加工大省到粮食产业经济强省的根本性转变。

（二）主要目标。到 2025 年，初步建成适应我省省情和粮情的现代粮食产业体系，使粮食产业发展的质量和效益明显提升，进一步促进国家粮食安全，带动农民增收。绿色优质粮食产品有效供给稳定增加，全省粮油优质品率提高 20 个百分点左右；粮食产业增加值年均增长 7.6% 左右，粮食加工转化率达到 92%，主食品工业化率提高到 65% 以上；粮食产业经济总产值达到 5000 亿元，主营业务收入 100 亿元以上的粮食企业数量达到 10 个以上，10 亿元以上的粮食企业数量达到 100 个以上，大型粮食产业集群和龙头企业辐射带动能力持续增强；粮食产后服务中心数量达到1000个以上，粮食质量监督检验机构达到100个以上，粮食科技创新能力和粮食质量安全保障能力全面提升。

二、培育壮大粮食产业主体

（三）壮大粮食产业化龙头企业。扶持一批具有核心竞争力和行业带动力的粮油产业化龙头企业，支持企业开展战略合作与重组，打造规模大、实力强、技术装备先进的大型粮油企业集团。根据国家政策调整情况，支持符合条件的龙头企业参与承担政策性粮食收储业务；在确保区域粮食安全的前提下，探索创新龙头企业参与地方粮食储备机制。完善全省优质小麦、优质花生等优质粮油收储政策，支持龙头企业承担优质粮油收储业务。（省粮食局、发展改革委、省政府国资委、省财政厅、农业厅、商务厅、工商局、质监局、中储粮河南分公司等负责）

（四）增强多元主体发展活力。深化国有粮食企业改革，发展混合所有制经济，提高国有资本运行效率，引领粮食产业转型升级，做大做强一批具有竞争力、影响力、控制力的国有粮食企业，有效发挥稳市场、保供应、促发展、保安全的重要载体作用。鼓励国有粮食企业积极开拓粮食种植、加工、物流、销售业务，支持符合条件的多元主体积极参与粮食仓储物流设施建设、产后服务体系建设和质检体系建设，建立健全统一、开放、竞争、有序的粮食市场体系。鼓励龙头企业与各类市场主体建立粮食产业联盟，实现优势互补，优化粮食产业资源配置。（省粮食局、发展改革委、财政厅、省政府国资委、省工业和信息化委、农业厅、工商局等负责）

（五）支持粮食产业园区建设。依托粮食主产区、特色粮油产区和关键粮食物流节点，推进产业向优势产区集中布局。以全产业链为纽带，整合粮食加工、质检、物流、仓储、销售以及科技等资源，支持建设粮食产业园区，先行建设郑州、濮阳、周口、南阳、驻马店、信阳等现代粮食产业发展示范园区（基地）。吸引主销区企业到我省投资建设粮源基地和仓储物流设施，支持我省企业到主销区建立营销网络，加强产销区产业合作。（省粮食局、发展改革委、财政厅、工业和信息化委、商务厅、交通运输厅、中国铁路郑州局集团公司等负责）

三、创新粮食产业发展方式

（六）促进粮食全产业链发展。支持粮食企业参与粮食生产功能区建设，推进“产购储加销”一体化发展，构建从田间到餐桌的全产业链。推动粮食企业向上游与新型农业经营主体开展产销对接和协作，建设加工原料基地，完善绿色优质特色粮油“专种、专收、专储、专用”发展模式；向下游延伸建设物流营销和服务网络，实现粮源基地化、加工规模化、产品优质化、服务多样化，着力打造绿色、有机的优质粮食供应链。（省粮食局、发展改革委、农业厅、质监局等负责）

（七）发展粮食循环经济。支持粮食企业开展粮油副产品循环、全值和梯次利用的探索，提高粮食综合利用率和产品附加值。以绿色粮源、绿色仓储、绿色工厂、绿色园区为重点，构建绿色粮食产业体系。支持大型粮食龙头企业建立绿色、低碳、环保的循环经济系统，降低单位产品能耗和物耗水平。推广“仓顶阳光工程”、稻壳发电等新能源项目，开展米糠、碎米、麦麸、麦胚、玉米芯、饼粕等副产物综合利用，促进产业节能减排、提质增效。支持粮食产业园区发展循环经济，推动主食、粮油、饲料、功能食品、生物燃料、秸秆发电、医药、环保等各类涉粮企业向园区集聚，打造工艺相互依存、物料近距离转运、“三废”（废水、废气和固体废弃物）集中处理和粮食资源循环利用的循环经济产业链，实现企业小循环、园区中循环和区域大循环。（省发展改革委、粮食局、工业和信息化委、农业厅、财政厅等负责）

（八）积极发展新业态。推进“互联网＋粮食”行动，积极发展粮食电子商务，推广“网上粮店”“主食厨房”等新型粮食零售业态，完善城乡粮油配送供应网络，促进线上线下融合，打通“工业品下乡、农产品进城”双向流通渠道。加快粮食仓储、物流、加工、销售企业与河南省“粮安工程”智能化管理平台互联互通，推动粮食关联企业信息共享。完善河南粮食电子交易平台体系，拓展物流运输、粮油配送、金融服务等功能，服务种粮农民、涉粮企业和食粮百姓。保护和开发利用粮食文化资源，发展“粮食＋文化＋旅游”产业模式，支持爱粮节粮宣传教育基地、粮食文化展示基地和粮食产业休闲体验园区建设，鼓励发展粮食产业观光、体验式消费等新业态。（省粮食局、财政厅、工业和信息化委、农业厅、商务厅、文化厅、旅游局等负责）

（九）培育河南粮食品牌。加强粮食品牌建设，通过规划引导、质量提升、自主创新、品牌创建、商标注册、特色产品认定等，培育一批具有自主知识产权和较强市场竞争力的全国或区域性名牌粮油产品。完善地方标准，建立粮食企业标准领跑者激励机制，鼓励企业推行更高质量标准。积极推进

"河南好粮油（主食）""河南放心粮油（主食）"示范工程，培育优质粮油自主品牌和区域品牌。围绕打造"河南好面""河南好油"，开展丰富多彩的品牌创建与产销对接活动，并充分利用各类媒体强化品牌宣传，提升河南粮食品牌的社会美誉度和全国影响力。加大粮食产品专利权、商标权等知识产权保护力度，严厉打击制售假冒伪劣产品行为。加强行业信用体系建设，规范市场秩序。（省粮食局、财政厅、卫生计生委、农业厅、工商局、质监局、食品药品监管局、知识产权局等负责）

四、加快粮食产业转型升级

（十）优化粮油产品供给。积极发展小麦、花生、芝麻等优质粮油加工，促进优质粮食布局区域化、经营规模化、生产标准化、发展产业化，形成专种、专收、专储、专用的产业格局。加快推进优质粮食工程，通过开展标准引领、质量测评、品牌培育、试点示范等，增品种、提品质、创品牌，建立完善绿色优质粮食产业体系。推进粮油产品出口，带动产业转型升级。推广小麦粉、大米和食用植物油适度加工，大力发展全谷物等新型营养健康食品，加快发展专用小麦粉、花生油、芝麻油、速冻食品、鲜湿面、烩面等特色粮油产品。适应养殖业发展新趋势，发展安全环保饲料产品。（省粮食局、财政厅、发展改革委、工业和信息化委、工商局、质监局、郑州海关、省林业厅、畜牧局等负责）

（十一）扩大主食产业化引领优势。进一步完善主食产业化支持政策，引导企业积极开展以面、米为原料的主食加工或深加工，促进馒头、面条、饺子、米饭等传统主食和面包、饼干、糕点等西式主食的工业化生产和社会化供应。加大速冻、方便、保鲜、即食主食的研发力度。加强主食产品与其他食品的融合创新，鼓励和支持开发个性化、功能性主食产品。推进主食产业化示范工程建设，认定一批放心主食加工企业，推广"生产基地 + 中央厨房 + 餐饮门店""生产基地 + 加工企业 + 商超销售""作坊置换 + 联合发展"等新模式。（省粮食局、工业和信息化委、财政厅、农业厅、商务厅、工商局等负责）

（十二）促进粮油精深加工。积极开发粮油精深加工新产品，增加专用米、专用粉、专用油、功能性淀粉糖、功能性蛋白，以及保健、化工、医药等产品的有效供给，加快补齐短板，减少进口依赖。在保障粮食供应和质量安全的前提下，着力处置霉变、重金属超标、超期储存粮食等，适度发展粮食燃料乙醇，加快消化政策性粮食库存。强化粮油食品质量安全、环保和安全生产，促进粮食企业加大技改力度，倒逼落后工艺和过剩产能退出。（省粮食局、发展改革委、工业和信息化委、财政厅、食品药品监管局等负责）

（十三）引导粮食仓储企业转型发展。通过参股、控股、融资等形式，放大国有资本功能，拓展现有国有粮食企业仓储设施用途，为新型农业经营主体和农户提供粮食产后服务，为加工企业提供仓储保管服务，为期货市场提供交割服务，为“互联网＋粮食”经营模式提供交割仓服务，为城乡居民提供优质粮食配送服务，提高粮食仓储企业经济效益，促进行业转型升级。（省粮食局、财政厅、发展改革委、河南证监局等负责）

五、夯实粮食产业发展基础

（十四）建立粮食产后服务体系。适应粮食收储制度改革需要，实施老旧仓房原址改造，鼓励有条件的企业退城进郊，整合仓储设施资源，合理规划、布局、建设一批专业化、市场化的粮食产后服务中心，为农户提供粮食“五代”（代清理、代干燥、代储存、代加工、代销售）服务，促进粮食提质减损，实现企业增效和农民增收。（省财政厅、粮食局等负责）

（十五）完善现代粮食物流体系。加强粮食物流基础设施和应急供应体系建设，沿主要铁路线及内河，规划建设一批粮食物流节点。推广原粮、面粉物流“四散”（散储、散运、散装、散卸）化、集装化、标准化，在郑州、开封、新乡、许昌、濮阳、周口、信阳、南阳、商丘等地加快建设大型现代粮食物流园区。大力发展铁路班列、内河航运等运输方式，降低物流成本。支持郑州打造辐射全国、面向世界的粮油食品物流中心、加工中心、信息中心、交易中心和价格中心。支持郑州进境粮食指定口岸建成社会化、综合化、现代化的国际粮食集散地。加快粮食物流与信息化融合发展，促进粮食物流信息共享，提高物流效率。（省发展改革委、粮食局、交通运输厅、商务厅、质监局、郑州海关、中国铁路郑州局集团公司等负责）

（十六）健全粮食质量安全保障体系。建立从田间到餐桌的粮食质量安全全程追溯体系，加强粮食种植、收购、储存、销售及食品生产经营监管，支持粮油企业提升检验检测能力，严防不符合食品安全标准的粮食流入口粮市场或用于食品加工。支持粮食质检机构建设。开展全省收获粮食质量调查、品质测报和安全风险监测，定期发布收获粮食质量品质信息。加强进口粮食质量安全监管，建立进口粮食疫情监测和联防联控机制。加快优质、特色粮油产品地方标准的制定和修订。（省粮食局、食品药品监管局、质监局、卫生计生委、农业厅、郑州海关等负责）

六、强化粮食科技创新和人才支撑

（十七）加快推动粮食科技创新及成果转化。培育一批具有市场竞争力的创新型粮食领军企业，鼓励科研机构、高校通过共同设立研发基金、实验室、成果推广工作站等方式与企业密切合作，加强营养健康、质量安全、节粮减损、加工转化、现代物流、“智慧粮食”等领域相关基础研究和急需关键技术研发，推进信息、生物、新材料等高新技术在粮食产业中的应用。实施科技兴粮工程，促进粮食科技人才、科研机构等与企业对接，推动科技成果产业化。发挥我省粮食工程技术中心、重点实验室成果推广示范作用，加大粮食科技成果集成示范基地、科技协同创新共同体和技术创新联盟建设力度，推进科技资源开放共享。（省科技厅、粮食局、郑州海关等负责）

（十八）促进粮油机械制造自主创新。贯彻落实“中国制造 2025”，发展高效节粮节能成套粮油清理、检验、加工装备。支持智能粮机产业发展，培育具有核心竞争力的大型粮机制造企业。提高关键粮油机械及仪器设备制造水平和自主创新能力，提升粮食品质及快速检测设备的技术水平。引入智能机器人和物联网技术，开展粮食智能工厂、智能仓储、智能物流等应用示范。（省工业和信息化委、发展改革委、粮食局、科技厅、农业厅等负责）

（十九）加强粮油专业人才培养。实施人才兴粮工程，大力培养和引进创新型粮食科技人才。支持企业加强与科研机构、高校合作，搭建专业技术人才创新创业平台，凝聚高水平领军人才和创新团队为粮食产业服务。发展粮食高等教育和职业教育，加强河南工业大学、河南工业贸易职业学院、河南省经济管理学校、河南经济贸易技师学院等高校和职业学校师资力量，拓宽粮食专业口径，支持相关课程改革，加快培养行业短缺的创新型、复合型、应用型和技能型人才。加强职业技能培训，举办职业技能竞赛活动，培育“粮工巧匠”，提升粮食行业人员的技能水平。（省教育厅、人力资源社会保障厅、粮食局、科技厅等负责）

七、保障措施

（二十）加大财税扶持力度。充分利用现有资金渠道，支持粮食仓储物流设施、现代粮食产业发展示范园区（基地）建设和粮食产业转型升级。统筹利用商品粮大省奖励资金、产粮产油大县奖励资金、粮食风险基金等，支持粮食产业经济发展。充分发挥河南省粮油深加工企业扶持基金等政府投资基金的引导带动作用，积极引导金融资本、社会资本加大对粮食产业的投入。新型农业经营主体购置粮食清选机械、烘干设备，按规定享受农机具购置补贴。落实粮食加工企业从事农产品初加工所得按规定免征企业所得税政策和国家简并增值税税率有关政策；对符合条件的国有粮食购销企业，按国家现行税收政策免收增值税、城镇土地使用税、房产税、印花税等。粮食企业为开发新技术、新产品、新工艺所发生的研发经费以及各级政府补助的财政性资金，符合有关税收政策规定条件的，在计算应纳税所得额时扣除。（省财政厅、发展改革委、税务局、粮食局、农机局等负责）

（二十一）完善金融保险支持政策。拓宽企业融资渠道，为粮食收购、加工、仓储、物流等各环节提供多元化金融服务。金融机构要结合职能定位和业务范围，在风险可控的前提下，加大对粮油产业化龙头企业的信贷支持力度。建立健全粮食收购贷款信用保证基金融资担保机制，降低银行信贷风险。支持粮食企业通过发行短期融资券等非金融企业债务融资工具筹集资金，支持符合条件的粮食企业上市融资或在新三板挂牌，以及发行公司债券、企业债券和并购重组等。引导粮食企业合理利用农产品期货市场管理价格风险。在做好风险防范的前提下，积极开展企业厂房抵押和存单、订单、应收账款质押等融资业务，创新“信贷 + 保险”、产业链金融等多种服务模式。鼓励和支持保险机构为粮食企业开展对外贸易和“走出去”提供保险服务。（人行郑州中心支行、河南银监局、证监局、保监局、省财政厅、商务厅、粮食局、农发行河南省分行等负责）

（二十二）落实用地用电等优惠政策。在土地利用年度计划中，对粮食产业发展重点项目用地予以统筹安排和重点支持。支持和加快国有粮食企业依法依规将划拨用地转变为出让用地，增强企业融资功能。改制重组后的粮食企业可依法处置土地资产，用于企业改革发展和解决历史遗留问题。落实粮食初加工用电执行农业生产用电价格政策。（省国土资源厅、发展改革委、财政厅、粮食局等负责）

（二十三）加强组织领导。各级政府要高度重视粮食产业经济发展，因地制宜制定推进本地粮食产业经济发展的实施意见、规划或方案，建立健全相应工作机制，明确职责分工，加强统筹协调。要把粮食产业经济纳入经济社会发展总规划，精心部署，积极推进。要加大粮食产业经济发展实绩在粮食安全市（县）长责任制考核中的权重，强化相关考核工作。要结合精准扶贫、精准脱贫要求，大力开展粮食产业扶贫。粮食部门负责协调推进粮食产业经济发展有关工作，推动产业园区建设，加强粮食产业经济运行监测。发展改革、财政部门要强化对重大政策、重大工程和重大项目的支持，发挥财政投入的引导作用，撬动更多社会资本投入粮食产业。各相关部门要根据职责分工抓紧完善配套措施和部门协作机制，发挥粮食等相关行业协会商会在标准、信息、人才、机制等方面的作用，密切配合，形成合力，共同推动全省粮食产业经济发展。（各级政府和省粮食局、发展改革委、财政厅、农业厅、商务厅、国土资源厅、税务局、科技厅、交通运输厅等负责）

河南省人民政府办公厅

2018 年 8 月 1 日

附录3

标注索引

一、综合篇

1. 河南省财政厅　河南省粮食局关于加强“优质粮食工程”专项资金监管的通知（豫财贸〔2018〕10号）

2. 河南省财政厅　河南省粮食局关于印发“优质粮食工程”实施方案的通知（豫粮〔2017〕7号）

3. 河南省粮食局办公室关于成立全省粮食产后服务体系建设专家组和“中国好粮油”行动计划专家组的通知（豫粮办（2017）188号）

4. 河南省粮食局　河南省财政厅关于成立“优质粮食工程”领导小组的通知（豫粮文〔2018〕29号）

5. 河南省财政厅　河南省粮食局关于印发《河南省“优质粮食工程”实施情况绩效评价工作实施方案》的通知（豫财贸〔2018〕29号）

6. 河南省财政厅　河南省粮食局关于2017年度“优质粮食工程”实施情况绩效自评报告（豫财贸〔2018〕33号）

7. 河南省财政厅　河南省粮食局关于呈报优质粮食工程三年实施方案的报告（豫财贸〔2018〕73号）

8. 河南省财政厅　河南省粮食和物资储备局关于报送河南省优质粮食工程三年实施方案的报告（豫财贸〔2018〕162号）

二、产后服务篇

1. 河南省粮食局办公室关于召开全省粮食流通基础设施暨产后服务体系建设现场经验交流会的通知（豫粮办〔2017〕41号）

2. 河南省粮食局办公室关于召开全省粮食产后服务体系建设暨“中国好粮油”行动计划培训会的通知（豫粮办〔2017〕167号）

3. 河南省粮食局办公室关于召开全省粮食产后服务体系建设暨“中国好粮油”行动计划培训会的通知（豫粮办〔2017〕167号）

4. 河南省粮食局　河南省财政厅关于印发河南省粮食产后服务中心建设项目申报指南的通知（豫粮文〔2017〕200号）

5. 河南省粮食局　河南省财政厅关于印发河南省粮食产后服务体系建

设项目评审办法的通知（豫粮文〔2017〕221）

6. 河南省粮食局　河南省财政厅关于下达 2017 ~ 2018 年度全省粮食产后服务体系建设项目名单的通知（豫粮文〔2018〕47 号）

7. 河南省粮食局　河南省财政厅关于印发 2018 年河南省粮食产后服务中心建设项目申报指南的通知（豫粮文〔2018〕69 号）

8. 河南省粮食局办公室关于粮食产后服务中心建设技术指南的补充通知（豫粮办〔2018〕84 号）

9. 河南省粮食局关于印发《河南省粮食产后服务中心建设技术指南（试行）》的通知（豫粮文〔2018〕72 号）

10. 河南省粮食局　河南省财政厅关于印发河南省粮食产后服务体系建设项目管理办法的通知（豫粮文〔2018〕78 号）

11. 河南省粮食局　河南省财政厅关于下达 2018 ~ 2019 年度全省粮食产后服务体系建设项目名单的通知（豫粮文〔2018〕180 号）

12. 河南省粮食和物资储备局　河南省财政厅关于印发河南省粮食产后服务中心建设项目验收办法的通知（豫粮文〔2018〕220 号）

13. 河南省粮食和物资储备局　河南省财政厅关于印发 2019 年河南省粮食产后服务中心建设项目申报指南的通知（豫粮文〔2019〕8 号）

14. 河南省粮食和物资储备局关于补充申报 2019 年粮食产后服务中心项目的通知（豫粮文〔2019〕52 号）

三、质检体系篇

1. 《河南省粮食局关于预报送〈河南省粮食质检体系建设申请材料〉的报告》（豫粮文〔2017〕46 号）

2. 《河南省粮食局关于报送〈河南省粮食质检体系建设申请材料〉的报告》（豫粮文〔2017〕69 号）

3. 《河南省粮食局办公室关于召开全省粮食质检体系建设会议的通知》（豫粮办〔2017〕172 号）

4. 《河南省粮食局　河南省财政厅关于印发〈河南省粮食质检体系建设项目申报指南〉的通知》（豫粮文〔2017〕223 号）

5. 《河南省粮食局　河南省财政厅关于印发河南省粮食质检体系建设项目评审办法的通知》（豫粮文〔2017〕226 号）

6. 《河南省粮食局关于粮食质检体系建设专项资金分配意见的函》（豫粮函〔2018〕50 号）

7. 《河南省粮食局办公室关于召开全省粮食质检体系项目建设工作会

议的通知》（豫粮办〔2018〕92 号）

8.《河南省粮食局办公室关于委托省粮油饲料产品质量监督检验中心对 2017 年全省粮食质检体系建设项目仪器设备进行统一招标的通知》（豫粮办〔2018〕110 号）

9.《河南省粮食局　河南省财政厅关于印发 2018 年河南省粮食质检体系建设项目申报指南的通知》（豫粮文〔2018〕153 号）

10.《河南省粮食局关于 2017 年度全省粮食质检体系建设专项资金仪器设备采购项目情况说明的函》（豫粮函〔2018〕103 号）

11.《河南省粮食局关于 2018 年全省粮食质检体系建设专项资金分配意见的函》（豫粮函〔2018〕115 号）

12.《河南省粮食局办公室关于认真做好 2017 年度全省粮食质检体系建设项目有关工作的通知》（豫粮办〔2018〕176 号）

13.《河南省粮食和物资储备局关于下达 2018 年度河南省粮食质检体系建设项目单位名单的通知》（豫粮文〔2018〕228 号）

14.《河南省粮食和物资储备局办公室关于召开全省粮食质检体系项目建设工作会议的通知》（豫粮办〔2018〕193 号）

15.《河南省粮食和物资储备局办公室关于认真做好 2018 年度全省粮食质检体系建设项目有关工作的通知》（豫粮办〔2019〕8 号）

16.《河南省粮食和物资储备局　河南省财政厅关于印发 2019 年度河南省粮食质检体系建设项目申报指南的通知》（豫粮文〔2019〕9 号）

四、好粮油行动篇

1. 河南省粮食局办公室关于组织开展 2017 年度“好粮油”系列产品遴选工作的通知（豫粮办〔2017〕151 号）

2. 河南省粮食局关于推荐“中国好粮油”产品的报告（豫粮文〔2017〕179 号）

3. 河南省粮食局办公室关于 2017 年度第二批“好粮油”系列产品遴选工作的紧急通知（豫粮办〔2017〕181 号）

4. 河南省粮食局关于推荐 2017 年度第二批“中国好粮油”产品的报告（豫粮文〔2017〕219 号）

5. 河南省粮食局　河南省财政厅关于印发河南省 2017 ~ 2018 年度“中国好粮油”行动计划申报指南的通知（豫粮文〔2017〕215 号）

6. 河南省粮食局　河南省财政厅关于印发河南省“中国好粮油”行动计划评审办法的通知（豫粮文〔2017〕224 号）

7. 河南省粮食局办公室关于“河南好粮油（主食）”“河南放心粮油（主食）”遴选条件的通知（豫粮办〔2017〕207 号）

8. 河南省粮食局关于公布第一批“好粮油”系列产品暨加工企业名单的通知（豫粮文〔2018〕36 号）

9. 河南省粮食局关于“中国好粮油”行动计划专项资金分配意见的函（豫粮函〔2018〕24 号）

10. 河南省粮食局　河南省财政厅关于下达 2017 年度河南省实施“中国好粮油”行动计划有关名单的通知（豫粮文〔2018〕42 号）

11. 河南省财政厅关于拨付 2017 年度“中国好粮油”示范工程补助资金的通知（豫财贸〔2018〕13 号）

12. 河南省粮食局　河南省财政厅关于印发 2017 ~ 2018 年度河南省好（放心）粮油（主食）“中国好粮油”加工企业补助资金申报指南的通知（豫粮文〔2018〕68 号）

13. 河南省粮食局关于公布“河南好粮油（主食）”“河南放心粮油（主食）”标识的通知（豫粮办〔2018〕80 号）

14. 河南省粮食局办公室关于遴选第二批“好粮油”系列产品暨加工企业的通知（豫粮办〔2018〕85 号）

15. 河南省粮食局　河南省财政厅关于印发河南省好（放心）粮油（主食）加工企业补助项目评审办法的通知（豫粮文〔2018〕137 号）

16. 河南省粮食局关于 2017 ~ 2018 年度河南省好（放心）粮油（主食）加工企业补助资金测算结果的函（豫粮函〔2018〕88 号）

17. 河南省财政厅关于下达 2017 年度河南省好（放心）粮油（主食）加工企业贴息和补助资金的通知（豫财贸（2018）90 号）

18. 河南省粮食局办公室关于公布“河南好粮油（主食）”“河南放心粮油（主食）”产品标准及企业条件的补充通知（豫粮办〔2018〕142 号）

19. 河南省粮食局办公室关于补充遴选第二批“好粮油”系列产品暨加工企业的通知（豫粮办〔2018〕143 号）

20. 河南省粮食局关于公布第二批好粮油系列产品暨加工企业名单的通知（豫粮文〔2018〕183 号）

21. 河南省粮食局　河南省财政厅关于印发河南省 2018 年度“中国好粮油”之“示范县”及“省级示范企业”申报指南的通知（豫粮文〔2018〕192 号）

22. 河南省粮食局　河南省财政厅关于河南省 2018 年度“中国好粮油”

之“示范县”及“省级示范企业”申报工作的紧急通知（豫粮文〔2018〕196号）

23. 河南省粮食局　河南省财政厅关于印发河南省2018年度“中国好粮油”之“示范县”及“省级示范企业”评审办法的通知（豫粮文〔2018〕207号）

24. 河南省粮食局关于2018年度“中国好粮油”之示范县和省级示范企业补助资金测算结果的函（豫粮函〔2018〕123号）

25. 河南省粮食局关于公布补充确定的第二批好粮油系列产品暨加工企业名单的通知（豫粮文〔2018〕211号）

26. 河南省粮食和物资储备局关于2018年“中国好粮油”省级示范企业扶持项目核查情况的复函（豫粮函〔2018〕129号）

27. 河南省粮食和物资储备局办公室关于遴选第三批“好粮油”系列产品暨加工企业的通知（豫粮办〔2018〕192号）

28. 河南省粮食和物资储备局关于印发2018年度“中国好粮油”行动计划优质粮食品质测评工作方案的通知（豫粮文〔2018〕236号）

29. 河南省粮食和物资储备局关于公布第三批“好粮油”系列产品暨加工企业名单的通知（豫粮文〔2019〕13号）

30. 河南省粮食和物资储备局　河南省财政厅关于公布河南省2018年度“中国好粮油”之示范县和省级示范企业名单的通知（豫粮文〔2019〕16号）

31. 河南省粮食和物资储备局　河南省财政厅关于印发河南省2018年度“中国好粮油”之省级示范企业补助资金申报指南的通知（豫粮文〔2019〕17号）

32. 河南省粮食和物资储备局　河南省财政厅关于印发2018年度河南省好（放心）粮油（主食）加工企业补助资金申报指南的通知（豫粮文〔2019〕18号）

33. 河南省粮食和物资储备局　河南省财政厅关于印发河南省2019年度“中国好粮油”之“示范县”申报指南的通知（豫粮文〔2019〕19号）

34. 河南省粮食和物资储备局 河南省财政厅关于印发河南省2019年度“中国好粮油”之“示范县”评审办法的通知（豫粮文〔2019〕46号）

35. 河南省粮食和物资储备局关于2018年度“中国好粮油”之省级示范企业补助资金测算结果的函（豫粮函〔2019〕23号）

36. 河南省粮食和物资储备局关于2018年度河南省好（放心）粮油

（主食）加工企业补助资金测算结果的函（豫粮函〔2019〕24 号）

37. 河南省粮食和物资储备局关于 2019 年度“中国好粮油”之示范县补助资金测算结果的函（豫粮函〔2019〕25 号）

五、十三五规划篇

1. 河南省粮食局　河南省发展和改革委员会关于印发《河南省粮食行业“十三五”发展规划》的通知（豫粮文〔2017〕43 号）

2. 河南省粮食局关于印发《河南省粮油加工业“十三五”发展规划》的通知（豫粮文〔2017〕45 号）

3. 河南省粮食局关于印发《河南省粮食仓储设施“十三五”发展规划》的通知（豫粮文〔2017〕51 号）

4. 河南省粮食局关于印发《河南省粮食物流设施“十三五”发展规划》的通知（豫粮文〔2017〕52 号）

5. 河南省粮食局关于印发《河南省粮食行业信息化建设“十三五”发展规划》的通知（豫粮文〔2017〕53 号）

后　记

“优质粮食工程”，是推进粮食供给侧结构性改革的突破口，也是加快粮食产业经济发展的重要抓手。2017 年下半年以来，作为全国首批重点支持省份之一，河南粮食行业紧紧围绕“优质粮食工程”建设，结合实际开展了一些创新性的大胆探索，从理论与实践的结合上形成了具有河南特色和一定指导意义的操作规程与成功经验。一种对粮食事业的真挚热爱、执著追求和强烈的责任感与使命感，驱使我们不得不将此认真总结整理，编辑成册，取名《粮优》，公开发行。这与先期出版的《粮心》《粮安》《粮智》一起，共同构成了粮食行业发展研究的姊妹作。

本书可作为当前推进“优质粮食工程”的培训教材和实际操作工具书，供全省从事粮食产后服务中心、质检中心建设及中国好粮油行动计划推进工作的干部职工和工程技术人员使用。同时也寄望能在粮食行业的深化改革与发展中，发挥应有的指导作用。

参加本书编写的除河南省粮食局流通与科技发展处、政策法规处和省财政厅服务业处的相关同志外，王晓曦、李昭等专家、教授，分率河南工业大学粮油食品学院及河南工业大学设计研究院的技术团队，为起草、制定全省粮食产后服务中心技术指南及河南好（放心）粮油产品标准等，做了大量工作。在此，向他们深致谢意！

编　者

2019 年 5 月